Orbis

Katzenleben
Ein Tagebuch

Text von Michael Allaby und Jane Burton
Fotografien von Jane Burton und Kim Taylor

Orbis Verlag

Danksagung

Jane Burton und Kim Taylor möchten allen Beteiligten ihren Dank aussprechen:
Fred Thorne, der uns seine »Spezialkatzen«, unter ihnen Samantha, anvertraut hat; Lesley Russell (an dessen Geburtstag die Kätzchen geboren wurden), der uns geholfen hat, all die Pflegekatzen einschließlich Samanthas Familie zu versorgen; Evelyn Smart, die die Hilfsaktion für das Cranleigh Animal Rescue Centre organisiert hat; David Stadden als tierärztlichem Betreuer, der auch für die Röntgenaufnahme der Embryos zuständig war; Desmond Thackeray für seine ermutigende technische Hilfe; Weycolour Limited, Godalming, für die sorgfältige Bearbeitung unserer Filme; und Catherine Ahern, die Mimo erlaubte, bei uns zu sein.
Wir danken ferner all jenen, die unsern Kätzchen ein neues Heim gegeben haben: Linda Gamlin und David Burnie (Casimir); Susan und Mark Scovell (Joscha); Percy Remnant (Felix); Margaret und Nigel Mercer, Simon, Stephen und Andrew (Moritz und Sylvester); Rita Brenton (Ginger) und Jane Witty (Cäsar).

Originalverlag: Ebury Press, London
Titel der Originalausgabe: »Nine Lives«
Übersetzung aus dem Englischen: Dr. Renate Zeltner

Eine Eddison Sadd Produktion, London
Alle deutschsprachigen Rechte:
Sonderausgabe 1994 Orbis Verlag für Publizistik GmbH, München
Mosaik Verlag GmbH, München
Satz: Filmsatz Schröter GmbH, München
Druck und Bindung: Rotedic, S.A.
Printed in Spain • Alle Rechte vorbehalten
ISBN 3 572 00682 1

Inhalt

Einleitung
6–7

Der Anfang
Von der Geburt bis zum Alter von vier Wochen
8–29

Familienleben
Fünfte bis elfte Woche
30–55

Lernen und Erkunden
Dritter bis neunter Monat
56–103

Der Kreis schließt sich
Zehnter bis zwölfter Monat
104–121

Zusammenfassung 122–123
Register 124–126

Die Eltern

Samantha

Cäsar

Die Kätzchen

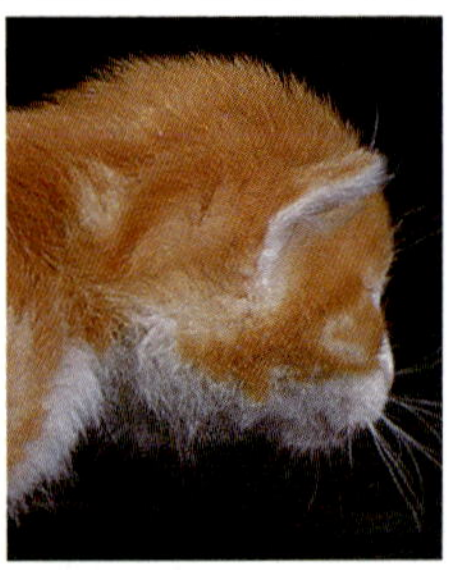
Joscha

Minka

Casimir

Sylvester

Ginger

Felix

Moritz

Einleitung

Ganz zufällig kam ich dazu, Katzen bei mir aufzunehmen und sie damit zu »retten«. Ich hatte ein paar leere Ställe und bot deshalb an, eine oder zwei Katzen zu versorgen, bis für sie neue Pflegeplätze gefunden wären. Doch aus einer oder zwei wurde bald eine »Katzenlawine«, vor allem im Sommer, wenn sich überall Kätzchen einstellen.

Auch Samantha und Cäsar kamen im Rahmen einer Rettungsaktion zu mir. Cäsar war ein Vagabund und Samantha eine Bauernhofkatze, die bis dahin in einer Scheune gehaust hatte. Aber dann gab der Bauer den Hof auf, und sie kam zu mir. Da es so viele kleine Kätzchen zu vermitteln gab, waren für die beiden erwachsenen Katzen keine Pflegestellen zu finden – so blieben sie bei uns.

Als er ankam, hatte Cäsar natürlich keinen Namen, den bekam er mit der Zeit von mir. Samantha hatte eine verstopfte Nase und gab deshalb schnarchende Laute von sich, besonders wenn sie schnurrte. Merkwürdigerweise schnarchte sie während der Geburt ihrer Jungen nicht und schnurrte nur in den Pausen zufrieden vor sich hin.

Ich hatte eigentlich gar nicht vor, Samanthas Kätzchen während der Geburt zu fotografieren, weil ich schon vorher viele solcher Aufnahmen gemacht hatte und annahm, die Kätzchen würden nachts geboren werden.

Dann wollten wir uns eigentlich eines der Kätzchen als Star auswählen, aber bald zeigte sich, daß jedes anders war und ganz bestimmte Fähigkeiten an den Tag legte; so beschlossen wir, nicht ein einzelnes, sondern die ganze Familie zu Stars dieses Buches zu machen.

Ich war bei der Arbeit zuständig für die Illustration der Entwicklungsgeschichte. Mein Mann, Kim Taylor, dokumentierte die Bewegungen der Kätzchen: Er entwickelte und baute sich die nötige technische Einrichtung für die Phasenfotos auf. Aber fast immer hatten wir beide zu tun, und die Bilder dieses Buches sind wirklich das Ergebnis einer Teamarbeit von Fotograf und Foto-Assistent (in wechselnden Rollen) und den neun Hauptdarstellern. Michael Allaby hat die meisten Texte beigesteuert. Er hat nicht nur bis ins Detail das Wachsen und die Entwicklung der Kätzchen in ihrem ersten Jahr beschrieben, sondern auch ihr Verhalten in ganz bestimmten Situationen erklärt.

Ich hoffe, Sie haben soviel Spaß beim Lesen, wie wir bei der Arbeit hatten.

Jane Burton
Albury, 1985

Der Anfang

Der dramatischste Augenblick im Leben ist für jeden von uns gewiß der plötzliche Eintritt ins Erdendasein. Und auch die erste Zeit nach diesem Ereignis erweist sich als aufregend und gefährlich zugleich. Immerhin kann eine Menge schiefgehen.

Aber kein Lebewesen bewahrt die Erinnerung an diese ersten Tage, Katzen so wenig wie Menschen. Das Leben der Kätzchen wie der Menschenkinder wird anfangs ausschließlich von den körperlichen Bedürfnissen bestimmt. Sie sind vollauf damit beschäftigt, ihren Körper kennenzulernen. In der ersten Lebenswoche muß ein Kätzchen sein Gewicht verdoppeln. Es lernt, seine Glieder zu bewegen, Signale zu deuten, die es mit den Sinnen aufnimmt, immer wieder den Weg zur Mutter zurückzufinden, wenn Gefahr droht.

Die Katzenmutter muß ihre Kleinen ständig im Auge behalten und die für das rapide Wachstum nötigen Nahrungsmengen bereithalten.

Samantha hat ihre Kinder für kurze Zeit verlassen; sofort nach ihrer Rückkehr wollen die Kätzchen trinken. Sie läßt sich nieder, während die Kleinen auf der Suche nach der Milchquelle auf ihr herumklettern und sich drängelnd in ihr Fell vergraben. Sie sind acht Tage alt.

Schwangerschaft

Tagebuch · Schwangerschaft

Mitte April konnte man deutlich sehen, daß Samantha trächtig war. Allem Anschein nach trug sie einen großen Wurf. Die vielen Geburten hatten sie sowieso schon ziemlich unförmig gemacht, aber jetzt war sie richtig aufgebläht. Wir wußten nicht, wann die Kätzchen fällig waren, weil wir den Tag, an dem Samantha gedeckt worden war, nicht kannten. Zwei Wochen vor dem Geburtstermin glaubten wir, die Geburt müsse jeden Augenblick losgehen, aber Samantha nahm weiter zu. Ihr Wurf kam ziemlich spät, andere Katzen in unserer Bekanntschaft hatten längst ihre Jungen bekommen.

Samantha mit ihrem großen Bauch drei Wochen vor der Geburt der Kätzchen.

Bei Katzen gibt es während der Tragezeit kaum Komplikationen. Ein paar Wochen nach dem Decktermin, bevor sie anfängt zuzunehmen und man ihr ansieht, daß sie trächtig ist, zeigt sich die Katzenmutter weniger unternehmungslustig und hat einen viel größeren Appetit. Sie wäscht sich öfter und gründlicher als vorher und widmet bei der Reinigungsprozedur dem Genitalbereich und dem ganzen Hinterleib besondere Aufmerksamkeit.

Die Tragezeit dauert durchschnittlich 63 Tage, sie schwankt zwischen 55 und 70 Tagen. Katzen, die im Haus leben, tragen meist länger als Tiere, die ständig im Freien leben und daher aktiver sind.

Wenn ihre Zeit gekommen ist, sucht die Katze einen Platz für das Nest, in dem die Kätzchen geboren und während der ersten Lebenstage versorgt werden. Im Freien lebende Katzenmütter verstecken ihr »Kindbett«. Auf Bauernhöfen erfahren die Hausgenossen erst von der Geburt, wenn die Katze, gefolgt von ihrer flinken, verspielten und hungrigen Familie, nach etwa fünf Wochen wieder auftaucht. Hauskatzen fühlen sich sicherer und versuchen deshalb meist gar nicht den Wurfplatz zu verbergen. Sie wählen mit Vorliebe einen Schrank oder Karton als Nest aus, aber auch jedes andere ruhige Plätzchen stellt sie zufrieden. Sobald die Wahl getroffen ist, hält sich die Katze häufig im Nest oder ganz in der Nähe auf, damit es ihren Geruch annimmt. So finden die Kätzchen später leichter dorthin zurück.

Die Geburt

Wenn der Zeitpunkt der Geburt näherrückt, stellt sich der mütterliche Körper darauf ein. Die Zitzen werden größer, die Genitalregion schwillt an. Diese Bereiche des Körpers sind jetzt extrem empfindlich und werden mit besonderer Sorgfalt geputzt. Die Suche nach dem Nest wird nun vordringlich. Wildlebende Katzenmütter würden sich ein verlassenes Erdloch oder einen hohlen Baum suchen. Die Katze will jetzt ihre Ruhe haben. Das Nest muß trocken und windgeschützt sein, denn die kleinen Kätzchen sind äußerst empfindlich gegen Kälte.

Inzwischen bildet sich die Kolostralmilch, die erste Nahrung für die Katzenkinder. Die Vulva schwillt noch stärker an, dehnt sich aus und beginnt Schleim auszuscheiden. Das Tier ist ruhelos, legt sich hin, kratzt auf dem Boden, gibt lockende Töne von sich oder knurrt. Bis jetzt war ihr Appetit normal. Sobald sie aber Nahrung zurückweist, zeigt sie damit an, daß sie innerhalb der nächsten Stunden an ihre wichtige Aufgabe gehen wird.

Es kann auch mal Probleme geben

Die meisten Katzenmütter werden mit der Geburt ihrer Jungen problemlos fertig. Die Katzen wären ja längst ausgestorben, wenn ihnen die Fortpflanzung Schwierigkeiten bereiten würde. Aber das gilt ja eigentlich auch für die Menschen, bei deren Geburt durchaus Komplikationen möglich sind. Doch kann es auch bei Katzen zu kritischen Situationen kommen, so daß die Mutter Hilfe braucht oder keine Zeit hat, ein Junges zu versorgen, bevor das nächste erscheint. Man weiß von wildlebenden Katzen, daß bei ihnen ein weibliches Familienmitglied, meist die Schwester, Geburtshilfe leistet. Die Hauskatze aber ist auf sich selbst gestellt.

Wenn Ihre Katze Junge bekommt, sollten Sie sich in der Nähe aufhalten für den Fall, daß Sie gebraucht werden oder um den Tierarzt hinzuzuziehen, wenn es nötig ist. Ein solcher Notfall ist gegeben, wenn die Katze deutlich erschöpft ist, unter großen Schmerzen zu leiden hat oder wenn die Geburt schon länger als zwei Stunden dauert, ohne daß sie ein Kätzchen zur Welt bringt. Längere Abstände zwischen den Jungen, wenn sich die Katze nur auszuruhen scheint und keine Schmerzen hat, sind kein Grund zur Sorge.

Wie bei menschlichen Müttern kann ein Foetus die falsche Lage haben. Katzen werden normalerweise mit dem Kopf oder mit ausgestreckten Hinterbeinen und Schwanz voraus geboren. Erscheint zuerst der Schwanz, sind die Hinterbeine aber unter den Körper gezogen, kann die Geburt lange dauern und schwierig werden. Und in dem Fall, daß der Kopf zuerst auftaucht, aber zur Seite gedreht ist, muß meist der Tierarzt helfen.

Samantha ist als Bauernhofkatze geboren und aufgewachsen. Sie hat alle ihre Jungen ohne menschliche Hilfe zwischen Säcken und Strohballen auf Dachböden und in Scheunen zur Welt gebracht. Diesmal sollte das freudige Ereignis sozusagen öffentlich vor sich gehen, dennoch blieb sie gelassen. Wäre sie durch Blitzlicht oder Kameraklicken beunruhigt worden, hätte Jane die Foto-Aktion sofort gestoppt – und es gäbe dieses Buch nicht.

Tagebuch · Bei der Geburt

Als gesunde und erfahrene Mutter hatte Samantha keinerlei Schwierigkeiten, ihre Kinder zur Welt zu bringen. Sie wußte auch genau, was sie nach der Geburt jedes einzelnen zu tun hatte.

Zwischen den Wehen atmet Samantha ganz tief, um den Sauerstoffgehalt des Blutes zu erhöhen und damit mehr Energie zu erzeugen. Sie bereitet gerade die Geburt des zweiten Kätzchens, Minkas, vor.

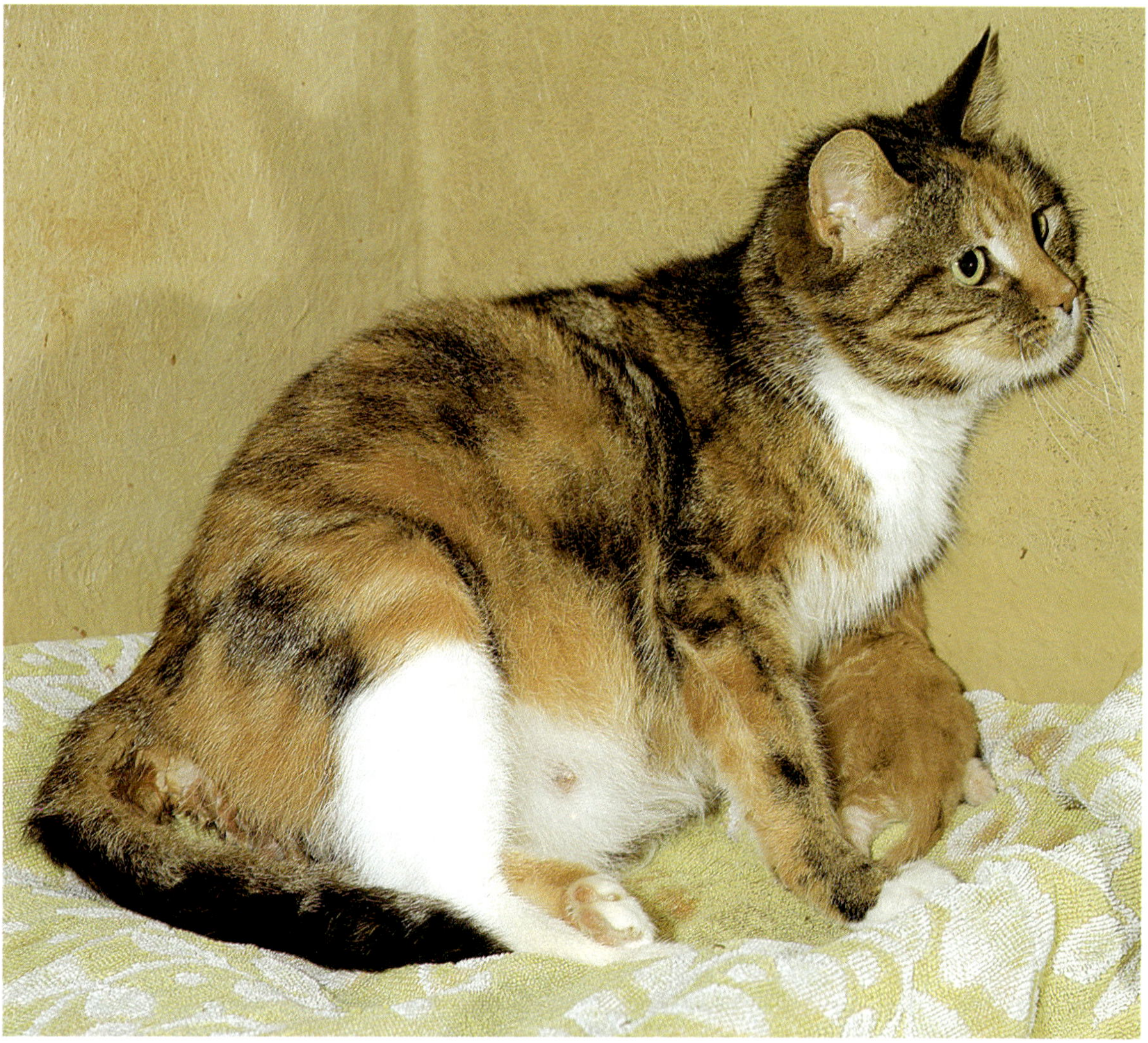

Die Schnurrhaare sind nach vorn gerichtet, die Gesichtsmuskeln wie der übrige Körper gespannt, während Samantha kräftig preßt, um Minka, ihr zweites Junges, zu gebären. Joscha, das Erstgeborene, ist schon trocken.

Eins nach dem andern werden die Kätzchen aus der Gebärmutter in den Geburtskanal gestoßen. Auch wenn sie in diesen Kanal gelangen, bleiben sie mit der Plazenta durch die Nabelschnur verbunden und sind ganz in die Fruchthülle eingeschlossen.

Jedes der Kätzchen war vor der Geburt kurze Zeit, eingehüllt in die Fruchthülle, zu sehen, wurde dann nochmals in Samanthas Körper zurückgezogen und erst, nachdem die Hülle zerrissen war, ganz ausgestoßen. Die Fruchthülle muß zerreißen, damit das Junge atmen kann. Ein normal geborenes Kätzchen atmet ohne fremde Hilfe. Aber der erste Atemzug ist eine harte Arbeit für das Neugeborene, es schnappt fast wie ein Ertrinkender nach Luft. Zum ersten Atemzug kommt es schon, bevor die Nabelschnur abgetrennt und der Mutterkuchen ausgestoßen ist.

Für den Fall von Geburtskomplikationen sollte man ein paar Dinge zur Hand haben. Ein Knäuel Baumwollgarn und einige kleine rauhe

Handtücher, auch warmes Wasser (37 °C) werden unter Umständen rasch benötigt.

Wenn das Junge, noch von der Fruchthülle umschlossen, geboren wird und die Mutter es nicht gleich davon befreit, ist sofortige Hilfe erforderlich. Nehmen Sie das Kätzchen in eine Hand, auch wenn die Plazenta noch nicht ausgestoßen ist, und wischen sie ihm mit einem sauberen rauhen Stück Handtuch die Hülle und den Schleim vom Gesicht, vor allem von den Nüstern, ab. Wenn das Kätzchen nicht sofort atmet, hilft ihm kräftiges Reiben »gegen den Strich« (also vom Schwanz zum Kopf).

Mehrmals stand Samantha auf, drehte sich im Nest und zog dabei ein Kätzchen an der Nabelschnur hinter sich her. Das ist nichts Außergewöhnliches, Katzenmütter behandeln ihre Neugeborenen nicht besonders sanft. Manchmal schleifen sie sie an der Nabelschnur über den Boden, sitzen oder liegen auf ihnen, treten, schubsen oder nehmen sie mit den Pfoten auf und lassen sie wieder fallen. Die Kätzchen sind widerstandsfähiger, als sie aussehen, und überleben eine solche Behandlung.

Manche Katzenmütter lecken ihre Jungen sofort ab und schieben sie dabei vorwärts; so wird die Plazenta schneller hinausbefördert. Samantha nahm von ihrem Sprößling keine Notiz, bis sie nicht seine Plazenta ausgestoßen hatte. Dann leckte sie das Kleine ab, biß die Nabelschnur dicht am Körper des Jungen durch und fraß sie und den Mutterkuchen auf – die beste Möglichkeit, die Plazenta loszuwerden und zugleich ihre Nährstoffe zu nutzen. Sie besteht schließlich aus dem, was die Katze während der Tragezeit an Nähr- und Mineralstoffen zu sich genommen hat. In den nächsten Tagen braucht die Katze viel Kraft, denn es dauert eine Weile, bis sie wieder normal frißt; in dieser Zeit darf sie nichts verschwenden.

Neugeborene Kätzchen sind naß vom Fruchtwasser, das sie in der Fruchtblase schützend umgibt. Samantha leckte alle ihre Jungen

Tagebuch · Geburt

Etwa um 10 Uhr morgens war Joscha geboren und schon fast trokken. Ich hob ihn auf, aber Samantha schnappte ihn aus meiner Hand und trug ihn eine Weile herum, während sie sich im Nest drehte. Dann erst setzte sie den Kleinen ab, um sich auf die Geburt des nächsten Kätzchens, Minkas, vorzubereiten.

Unten links *Minka ist gerade geboren. Samantha wartet jetzt auf den Ausstoß der Plazenta.* Unten *Samantha frißt die Plazenta, nachdem sie schon die Nabelschnur durchgebissen und angefangen hat, das Kleine abzulecken.*

sorgfältig ab; die Mischung aus Geburtsflüssigkeit und dem Speichel der Mutter trocknet viel schneller als gewöhnliches Wasser im Katzenfell. So waren die Kleinen bald sauber, weich und glänzend.

Während des Geburtsvorgangs ist die Katzenmutter sehr erregt, und dieser Erregungszustand beschleunigt den Ablauf. Der mütterliche Körper hat die Geburt der Jungen immer unter Kontrolle; allenfalls beim ersten Wurf weiß sie noch nicht genau, was in jeder Phase zu tun ist. Vor allem von Perser- und Siamkatzen sagt man, daß sie bei der Erstgeburt recht unbeholfen seien. Es gibt viele Möglichkeiten des Geburtsverlaufs. Manchmal bringt eine Katze nur ein einziges Junges zur Welt; doch im allgemeinen besteht ein Wurf aus mehreren Kätzchen. Es gibt Würfe von acht und mehr Jungen, die meist in schneller Folge zur Welt kommen. Die Kätzchen können in Abständen von einer Minute bis zu einer Stunde geboren werden, als Durchschnittszeit gilt eine halbe Stunde. Oft hat die Katzenmutter kaum Zeit, sich mit dem gerade Geborenen zu befassen, wenn schon das nächste erscheint. Die Wehen können die ganze Zeit über anhalten. Das bringt eine unerfahrene Katze oft ein bißchen durcheinander. Sie leckt vielleicht eines der Kätzchen und läßt die andern, die noch an die Plazenta gefesselt sind, herumkriechen. Obwohl die Neugeborenen sich notfalls auch selbst von der Fruchthülle zu befreien vermögen und anfangen zu atmen, können sie doch leicht erfrieren.

Ginger, das fünfte Kätzchen des Wurfs, im Augenblick seiner Geburt. Es ist noch bedeckt von der Fruchthülle.

Eine neugeborene Katze ist winzig klein. Ihr durchschnittliches Geburtsgewicht beträgt etwa hundert Gramm. Wie bei allen kleinen Tieren hat der Körper im Verhältnis zum Volumen eine große Oberfläche. Im Körperinneren aber wird Wärme produziert, die an der Oberfläche verlorengeht. Deshalb muß das Kätzchen, das noch wenig Eigenwärme erzeugen kann, von Anfang an warm gehalten werden. Wenn sich niemand um die Jungen kümmert, die von der Mutter nur mangelhaft versorgt werden, kann es passieren, daß am nächsten Morgen die leblosen kleinen Körper überall verstreut außerhalb des Nestes liegen.

Für solche Fälle braucht man ein Gefäß mit warmem Wasser, denn die beste Möglichkeit, neugeborene Kätzchen zu wärmen, besteht darin, sie warm zu baden. Man sollte jedes Tier mit dichterem Fell beim Baden hin- und herbewegen, damit das Wasser bis an die Haut gelangt. Katzen haben eine normale Körpertemperatur von 38 Grad Celsius, und so warm sollte auch das Wasser sein. Achten Sie aber darauf, daß die Nüstern bei der Badeprozedur nicht ins Wasser geraten. Man kann sogar versuchen, ein scheinbar lebloses und steifes Kätzchen durch ein warmes Bad zu beleben. Junge Katzen sind im allgemeinen ziemlich robust und halten eine kurzfristige Unterkühlung aus. Eine Katzenmutter, die nicht weiß, was sie zu tun hat, macht einen verwirrten und niedergeschlagenen Eindruck. Geht alles nach Plan, wirkt sie dagegen zufrieden und ruhig.

Tagebuch · Geburt

Samantha war ganz bei der Sache und leckte und trocknete jedes Junge sorgfältig ab. Zwischendurch ruhte sie ein bißchen und sah vollkommen zufrieden aus. Sie schnurrte und massierte dabei mit den Vorderpfoten die ersten Jungen, die schon an ihren Zitzen saugten.

Felix, das sechste der Kätzchen, bei seinem ersten Atemzug. Er hängt an der Plazenta, die noch nicht ausgestoßen ist.

Auch wenn die Mutter schon viel Erfahrung hat und ihren Wurf gut behütet, kann es passieren, daß eines der Kätzchen nicht genügend Fürsorge findet. Es ist meist kleiner als die anderen (d. h. in größerer Gefahr, zuviel Körperwärme zu verlieren) und wirkt ein bißchen schwach. Oft liegt es außerhalb des Knäuels von kleinen Katzenleibern und unternimmt auch keine besonderen Anstrengungen, in die Nähe der Mutter zu kommen. Selbst wenn man von außen ein bißchen nachhilft und es in eine günstigere Lage bugsiert, findet es oft keine Zitze. Ist es verletzt oder krank, gibt es praktisch keine Hilfe. Vielleicht ist ihm aber auch nur kalt. Wenn das Kätzchen noch nicht stark unterkühlt ist, kann man es auf eine weich eingepackte Wärmflasche legen. Sobald es warm genug ist, krabbelt es energisch umher, und Sie werden feststellen, daß es Hunger hat. Legen Sie es wieder ins Nest zurück, wo es sich bald selbst zu helfen weiß.

Eine häufige Mißbildung bei jungen Katzen ist der Wolfsrachen, den man bei Untersuchungen der Mundhöhle bemerkt. Wenn die Deformation nicht zu stark ist, kann das Kätzchen überleben, auch wenn es Schwierigkeiten beim Trinken hat. Mit einem ausgeprägten Wolfsrachen oder bei anderen ernsten Mißbildungen ist das Tier nicht lebensfähig.

Samantha war eine gute Amme, und als vorbildliche Katzenmutter verbrachte sie die meiste Zeit damit, ihre Jungen zu lecken. Sie leckte die Kleinen, die Plazentas und die Nabelschnüre, bevor sie sie fraß, und sie leckte sich selbst; diese Prozedur erledigte sie mehrmals. In den Geburtspausen fing sie, sobald sie mit dem zuletzt Geborenen fertig war, wieder von vorn an. So waren die ersten schon mehrmals gründlich abgeleckt worden, bevor das letzte erschien. Katzen verbringen oft während der Geburt viel Zeit mit Lecken.

Außerdem verteidigte sie die Jungen von Anfang an. Als Jane den kleinen Joscha in die Hand nahm, schnappte sie sich ihn und trug ihn herum, bis die nächste Geburt sich ankündigte und sie ins Nest zurückmußte. Das war aber auch das einzige Zeichen von Mißtrauen und hatte vielleicht mit ihrer Vergangenheit als Bauernhofkatze zu tun. Noch nie war ihr ein Junges weggenommen worden, bevor es nicht mindestens fünf oder sechs Wochen alt war.

Tagebuch · Geburt

Das sechste von Samanthas Jungen wurde nachmittags gegen halb fünf geboren. Sie hatte jetzt fünf rotblonde Kater und ein dunkelgestreiftes Katzenmädchen, ein Tabby. Samantha ließ sich mit ihnen nieder und sah sehr zufrieden aus. Deshalb nahm ich an, daß sie den ganzen Wurf bereits zur Welt gebracht hatte. Als ich aber abends um halb elf noch einmal zählte, lagen zwei Tabby-Katzenkinder, ein männliches und ein weibliches, im Nest – sieben Kätzchen insgesamt.

Die erste Mahlzeit

Die Kätzchen müssen ihr Geburtsgewicht innerhalb der ersten Woche verdoppeln und haben deshalb keine Zeit zu verlieren. Je kleiner die Jungen, desto größer das Bedürfnis nach Nahrung. Die kleineren Katzenkinder haben viel aufzuholen und gedeihen daher meist besser als die größeren Geschwister. Menschenkinder verlieren nach der Geburt etwas an Gewicht; anders die Katzen. Sie brauchen sofort Nahrung, und die Kätzchen machen sich, sobald sie trocken sind, auf die Suche nach einer Zitze. Im allgemeinen dauert es aber mindestens eine halbe Stunde, gelegentlich sogar bis zu zwei Stunden, bevor sie an die Nahrungsquelle kommen. Die Erstgeborenen aber saugen schon, während die letzten erst noch geboren werden.

Das Katzenkind muß sich zunächst selbst durchschlagen. Solange der Wurf nicht vollzählig ist, hat die Mutter keine Zeit für die zuerst

Geborenen, und der mütterliche Instinkt erwacht auch erst nach der letzten Geburt. Das Junge sieht nichts, weil seine Augen fest verschlossen sind. Und obwohl es allerlei Töne von sich gibt, hört es auch nichts. Über seine vier Beine hat es noch keine rechte Kontrolle, so daß es auch noch nicht gehen kann. Es ist also ziemlich hilflos. Allerdings ist sein Geruchssinn bereits ausgeprägt, und es ist auch schon empfänglich für Berührungen, vor allem wenn es sich um den warmen mütterlichen Körper handelt.

Das Katzenjunge macht sich auf den Weg zur Zitze, indem es sich mit den Hinterbeinen abstößt und mit den vorderen eine Art Schwimmbewegung ausführt. Dabei wiegt es den Kopf hin und her, bis es die Mutter gefunden hat. Dann schubst und kuschelt es sich an der Mutter entlang und arbeitet sich zur Zitze vor, um endlich zum ersten Mal zu trinken. Schon bald hat es sich eine Lieblingszitze gewählt, an der es immer trinken möchte.

Sechs junge Katzen hat Samantha schon geboren, und sie liegt zufrieden mit ihnen im Nest. Moritz, der letzte, erblickt erst Stunden später das Licht der Welt.

Essen und Schlafen

Tagebuch · Vier Tage alt

Samantha verließ das Nest nur, um zu fressen und um ihr Katzenklo zu benutzen. Die Kleinen waren gar nicht so hilflos, wie sie hier noch aussehen. Sie zeigten sich schon ganz aktiv und schubsten sich gegenseitig von ihrer Lieblingszitze weg, krabbelten im Nest herum und schliefen noch viel.

In den ersten Lebenstagen verbringen kleine Katzen wie alle Säugetierkinder die meiste Zeit mit Trinken und Schlafen. Anfangs verläßt die Mutter sie nur selten; sie entfernt sich nie weit vom Nest und bleibt auch nicht lange weg. Man sollte ihr das Fressen in die Nähe des Nestes stellen, damit sie die Kleinen während ihrer Mahlzeiten im Auge behält. Auch das Katzenklo soll in Sichtweite stehen, natürlich nicht zu nahe beim Fressen. Ein paar Tage später geht die Mutter schon mal ihrer Wege, allerdings nur für kurze Zeit. Später dehnt sie ihre Ausflüge länger aus. Als freilebende Katze müßte sie ja bereits auf Jagd gehen.

Wenn sie fort ist, liegen die Kätzchen alle übereinander. Bei ihrer Rückkehr weckt sie sie mit einem zärtlichen Lecken. Dann legen sie sich in eine Reihe, und die Mutter rollt ihren Körper schützend um sie herum. So finden sie die Zitzen am besten, und es scheint die Kleinen zu beruhigen.

Eine Katzenmutter, die nur ein oder zwei Junge hat, verwendet scheinbar mehr Sorgfalt auf deren Aufzucht; ist aber der Wurf nur wegen der schwachen Konstitution der Mutter so klein, kann sie mit der Pflege überfordert sein und die Jungen vernachlässigen.

Wenn die Kleinen wach sind und nicht gerade trinken, krabbeln sie herum. Geraten sie zu weit vom Nest weg, muß die Mutter sie zurückholen. Über eine kurze Entfernung aber finden sie mit Hilfe ihres Geruchssinns selbst zurück. Wird während der Abwesenheit der Mutter das Nest gesäubert, können die Jungen die Orientierung verlieren und sich verirren.

Oben *Samantha säugt gerade den acht Tage alten Moritz. Die Vorderpfoten benutzt er ebenso zum Festhalten wie zum Massieren, um den Milchfluß zu verstärken.*
Rechts *Samantha wird von Minka bearbeitet und massiert ihrerseits das bettelnde Kätzchen.*

Joscha fühlt sich durch den Geruch eines Fremden gestört und faucht ihn an. Er ist jetzt sieben Tage alt, und langsam beginnen sich seine Augen zu öffnen.

Die Fütterung wird bald eine Routineangelegenheit, und schon am zweiten Tag entwickeln sich gewisse Gewohnheiten. Jedes der Jungen hat seinen bestimmten Platz. Einige belegen eine bestimmte Zitze gänzlich mit Beschlag. Andere sind gar nicht wählerisch und trinken dort, wo gerade frei ist. Die Mutter kümmert sich zwar um die Fütterung, kann aber nicht alle gleichzeitig säugen. Meist bekommen zuerst zwei ihre Ration, dann das nächste oder die nächsten zwei und so weiter. Wenn das letzte getrunken hat, ist das erste oft schon wieder hungrig. Jedes der kleinen Kätzchen verwendet etwa ein Drittel seiner Zeit aufs Trinken, die Mutter aber hat rund drei Viertel des Tages damit zu tun.

Die Kleinen schlafen keineswegs ruhig und fest, sie stoßen sich gegenseitig herum, ihre Muskeln zucken im Schlaf, die Nasen beben, und mit den Lippen machen sie Saugbewegungen. Manchmal geht ein Ruck durch den ganzen Körper, die Beine setzen sich in Bewegung. Die Lider sind fest geschlossen, sonst würde man die raschen Bewegungen der Augen bemerken; man könnte meinen, die Kätzchen träumen (Seite 50–51).

Gegen Ende des ersten Tages faucht und spuckt das Katzenjunge auf alles Fremde, den fremden Geruch ebenso wie die fremde Hand, die es anfassen will. Doch gewöhnt es sich bald daran und erkennt ihm wohlgesonnene Menschen am Geruch. Einmal gezähmte Katzen fauchen Menschen später kaum noch an.

Die Kätzchen mit sieben Tagen

Die Kätzchen entwickeln sich ganz planmäßig. Alle haben ihr Gewicht in der ersten Woche verdoppelt und lernen schnell, ihren Körper zu beherrschen. Allmählich öffnen sie ihre Augen; die sind anfangs ganz hellblau, und die Kleinen sehen wahrscheinlich nicht mehr als Licht und Schatten. Vermutlich können sie auch schon Töne wahrnehmen, obwohl man über die Hörfähigkeit kleiner Katzen nicht viel weiß. Zähne haben sie noch nicht, wie man bei Minka sehen kann.

Sie lernen jeden Tag besser, ihre Glieder zu gebrauchen. Laufen können sie zwar noch nicht, aber sich doch schon kriechend vorwärtsschieben und den Kopf dabei hochhalten. Um die Ecke zu kommen, fällt noch schwer, und manchmal fallen sie um, wie es Casimir gerade demonstriert. Das eingetrocknete Ende der Nabelschnur ist bei ihm noch zu sehen. Die anderen haben es schon verloren. Allen sind kalte Oberflächen und fremde Gerüche unheimlich; immer wieder schreien sie laut nach der Mutter.

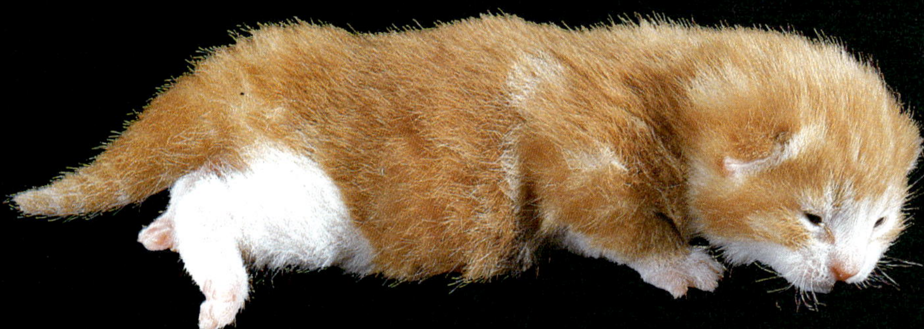

Joscha

Moritz

Sylvester

Minka

Casimir

Felix

Ginger

Mütterliche Fürsorge

Tagebuch · Sieben Tage alt

Im ersten Lebensmonat hatten Samanthas Junge keinen Grund, das Nest zu verlassen. Sie mußten nicht herumklettern, denn sie hatten alles, was sie brauchten, waren gut genährt, wurden peinlich sauber gehalten und hatten es warm. Keines purzelte heraus, sie schliefen, bekamen ihre Mahlzeiten, schliefen wieder und wuchsen, wie es sich gehört.

Kleine Menschenkinder brauchen für die Entwicklung, die die Kätzchen in der ersten Woche durchmachen, mehrere Monate. In dieser ersten Woche des Katzenlebens kommt es daher ganz besonders auf die Fürsorge der Mutter an. Wie bei Kindern durch Vernachlässigung in den ersten Monaten Störungen des Gefühlslebens und der Persönlichkeit hervorgerufen werden können, so erfahren die Katzenjungen in den ersten Lebenstagen eine Prägung fürs Leben. Kätzchen die man zu früh von der Mutter wegnimmt, sind meist nervös, aggressiv, mißtrauisch, lebensuntüchtig.

Ein verzweifeltes Kätzchen ruft und jammert laut nach seiner Mutter. Und die Mutter antwortet immer, auch wenn sie eigentlich keine Veranlassung sieht, direkt einzugreifen. Die Hilferufe der kleinen Kätzchen sind deshalb wichtig, damit die Mutter überhaupt merkt, daß eins der Kleinen sich vom Nest entfernt hat und irgendwo herumstreunt.

Sie erkennt ihre eigenen Jungen am Geruch, fremde junge Katzen würde sie ihrem Schicksal überlassen. Wenn sich eines selbständig gemacht hat, aber nicht in Gefahr ist, nimmt sie seine Witterung auf, holt es jedoch nicht zurück. Vielleicht beruhigt sie das Kleine auch, indem sie sich zu ihm legt und es säugt. Wenn das Kätzchen sich beruhigt hat, geht sie ins Nest und läßt das Kleine zurück.

Sie weiß sofort, wann das Kätzchen sie wirklich braucht, weil es dann nicht mehr nur jammert wie immer, sondern angstvolle, verzweifelte Töne von sich gibt. Meist ist es dem Ausreißer zu kalt; dann holt die Mutter ihn sofort wieder ins Nest zurück.

Wenn ihren Kindern Gefahr von anderen Tieren (dazu zählen auch fremde Menschen) droht, kann die Mutter gefährlich wild werden. Furchtlos geht sie sofort zur Attacke über.

Bei den meisten Ausflügen, die das Kätzchen unternimmt, hat es kein bestimmtes Ziel, denn es kann ja noch nicht gut sehen. In den ersten Tagen bewegt es sich meist in Kreisen um das Nest, aber es erkennt immer dessen Geruch, wenn es dort vorbeikommt. Nach

Nesthygiene

Ein hellbraunes Burma-Kätzchen wird von seiner »blauen« Mutter durch Lecken zum Wasserlassen angeregt. Ohne diese Hilfe könnte keine Ausscheidung erfolgen, und die kleine Katze müßte eingehen. Alle Hauskatzen, auch die wildlebenden, verfahren so. Im Freien wird durch die Reinhaltung des Nestes vermieden, daß der Geruch Raubtiere anlockt.

Transportprobleme

Eine Schildpattkatze trägt ihr eine Woche altes Junges. Sie packt das Kleine im Genick (also im losen Fell des Nackens), vielleicht weil sie das schon früher einmal gemacht hat und es daher beherrscht. Katzenmütter, die ihre Kleinen zum ersten Mal transportieren, tragen sie oft an der Schulter oder sogar an einem Bein. Sanft wird es nicht gerade angefaßt, dieses Junge, aber es macht sich ganz schlaff und leistet keinerlei Widerstand, zieht die Hinterbeine hoch und legt den Schwanz dazwischen. So ist es kürzer. Die Mutter trägt es mit erhobenem Kopf. Das Kätzchen muß darauf gefaßt sein, daß es geschubst, gestoßen und durchgeschüttelt wird. Schließlich landet es ziemlich unsanft wieder da, wo es hingehört. Eine ängstliche Mutter schleppt ihre Jungen lange Zeit auf diese Weise herum, während die erfahrene Katze sie schon bald neben sich hertrotten läßt.

einer Woche findet es aus einem Meter Entfernung schon problemlos zum Nest zurück.

Um unangenehme Zusammenstöße mit Ecken und Kanten zu vermeiden, benutzt es schon bald seine Schnurrhaare. Es krabbelt mit wackelndem Kopf herum, und sobald es an ein Hindernis kommt, wird es durch die Schnurrhaare gewarnt; so weicht es aus, statt umzufallen.

Wenn ein Kätzchen bei solchen Spaziergängen auf ein anderes stößt, versucht es, unter diesem Hindernis durchzukrabbeln, anstatt darüber hinwegzuklettern.

Wenn die Kätzchen sich einmal selbst überlassen sind, liegen sie in einem dichten Knäuel beieinander und schlafen. Die körperliche Nähe der andern gibt ihnen Wärme und Sicherheit.

Da sie nicht gern klettern, bilden sie ein lebendes Knäuel von unten nach oben. Schon nach kurzer Zeit ist es dem jeweils zuoberst liegenden Kätzchen zu kalt. Es rutscht hinunter oder läßt sich fallen

Wenn kleine Kätzchen allein sind, legen sie sich in einem Knäuel zusammen. Hier ein solches Katzenknäuel, bestehend aus Felix und Sylvester, die sich's auf dem kleinen Moritz bequem machen.

und kriecht unten wieder in das warme Knäuel hinein. Die Kätzchen unten fühlen sich gestört, protestieren auch gelegentlich. Durch allgemeine Bewegung gerät ein anderes Katzenkind nach oben, wacht auf, weil ihm kalt ist, und das Ganze beginnt von vorn. Das Katzenknäuel verhindert zwar, daß die Kleinen frieren, aber es ist kein besonders ruhiger Aufenthalt.

In den ersten zwei Wochen können die Kätzchen ohne Hilfe der Mutter ihren Urin und Kot noch nicht loswerden. Die Katze muß sie zu diesen Verrichtungen durch Lecken der Genitalregion anregen. Sie frißt die Ausscheidungsprodukte gleich auf. So bleibt das Nest sauber, und es gibt auch keinen Gestank, der Feinde anlocken könnte. Wenn man ein mutterloses Kätzchen aufziehen will, muß man wie die Mutter die Ausscheidung anregen, etwa durch Reiben mit einem warmen, feuchten Schwamm. Andernfalls geht das Kätzchen ein. Schon in ihrer ersten Woche lernen die Kätzchen das »Milchtreten«. Wenn sie anfangs saugen, fließt die Milch genau so schnell, wie die Jungen trinken können. Nach dieser Anfangsphase muß der Milchfluß immer wieder angeregt werden, und zwar indem die Kätzchen zuerst mit der einen, dann mit der anderen Pfote rhythmisch auf den Bauch der Mutter klopfen. Katzen mögen diese Art der Berührung übrigens ihr Leben lang, vor allem dann, wenn sie es gerade schön warm haben.

Ihr erstes Schnurren lassen die Kätzchen vernehmen, während sie bei der Mutter trinken. Keine Katze schnurrt wie die andere, die eine tut es fast unhörbar, die nächste laut und vernehmlich, manche öfter, andere selten. Der Ton entsteht dadurch, daß zwei Schleimhautfalten im Kehlkopf (die falschen Stimmbänder) vibrieren, sobald Luft beim Ein- und Ausatmen an ihnen vorbeistreicht. Wenn ein Kätzchen anfängt zu saugen und zu kneten, schnurrt es auch, und sein Schnurren veranlaßt die Geschwister, ebenfalls mit dem Trinken zu beginnen; es wirkt wie ein Gong, der die Jungen zur nächsten Mahlzeit ruft.

Katzenmilch enthält etwa zehnmal so viele Vitamine und siebzig Prozent mehr Fett als die menschliche Muttermilch, aber nur zwei Drittel soviel Zucker. Wer ein mutterloses Kätzchen aufzieht, sollte ihm keine Kuhmilch geben, die zwar mehr Protein enthält als Frauenmilch, aber zu wenig für die heranwachsende Katze. Ungesüßte Kondensmilch bekommt dem Katzenkind besser. Im Zweifelsfall sollte man den Arzt fragen. Es ist übrigens nicht allzu schwierig, Kätzchen mit Hilfe einer Injektionsspritze oder einer Pipette zu füttern.

Das nährende Muttertier muß in seinem Körper beträchtliche Mengen hochwertiger Nahrung produzieren und deshalb entsprechend gefüttert werden. An den beiden ersten Tagen nach der Geburt ist die Katze allerdings kaum am Fressen interessiert. Sie hat die Mutterkuchen verzehrt, die ja einen hohen Nährwert haben, und sie möchte in dieser Zeit die Jungen nicht allein lassen. Trotzdem sollte man ihr etwas hinstellen. Sobald sie wieder anfängt zu fressen, kann man ihr Extrarationen in Form von kleinen Zwischenmahlzeiten anbieten. Das ist besser als Riesenportionen auf einmal. Die Mutter braucht vier Mahlzeiten am Tag, die Zimmertemperatur haben sollten. Zu kaltes Fressen kann ihre Verdauung durcheinanderbringen.

Aufzucht

Diese schwarz-weiße Katze hat zwei eigene schwarz-weiße Junge, aber sie zieht auch noch drei Tabbys groß. Weibliche Katzen, die zusammenleben und ungefähr zur selben Zeit einen Wurf haben, ziehen ihre Jungen oft gemeinsam auf. Katzen nehmen also bereitwillig andere Junge in Pflege. Für die Kleinen ist es etwas schwieriger, sich an eine Ziehmutter zu gewöhnen, anfangs wollen sie oft nicht an den ungewohnten Zitzen saugen. Doch sie nehmen schließlich ihre Nahrung, wo sie sie bekommen können.

Mit den Augen eines Kätzchens

Tagebuch · Zehn Tage alt

Als unsere Kätzchen etwa eine Woche alt waren, begannen sich die Augenschlitze zu öffnen. Minka hatte als erste die Augen offen, bei den anderen dauerte es ein paar Tage länger. Gleichzeitig stellten sich die bis dahin zusammengefalteten Ohren auf.

Katzen werden blind und taub geboren, haben aber einen ausgeprägten Geruchs- und Tastsinn, der noch durch die Schnurrhaare verstärkt wird. Die ersten Erfahrungen mit ihrer Umwelt machen sie deshalb durch Riechen und Tasten. Den Geruch ihrer Mutter kennen sie praktisch vom ersten Augenblick an und vermögen auch zwischen ihr und einer anderen erwachsenen Katze zu unterscheiden. Nach ein paar Tagen können sie sich rund um das Nest bewegen und die nähere Umgebung erkunden, wobei sie aus etwa einem Meter Entfernung allein zurückfinden.

Von Anfang an und ein ganzes Katzenleben lang sind die Schnurrhaare ungeheuer wichtig für die Orientierung. Die Katze hat diese steifen dicken Haare auf der Oberlippe, aber auch über den Augen, am Kinn und auf der Rückseite der Vorderbeine. Auf der Oberlippe stehen sie in vier Reihen, und die beiden oberen Reihen können unabhängig von den unteren bewegt werden. Die Schnurrhaare stehen zu beiden Seiten so weit heraus, wie der Körper breit ist. Die Katze kann sie also benutzen, um festzustellen, ob eine Öffnung groß genug zum Durchschlüpfen ist. Aber die Schnurrhaare sind für sie nicht nur Vermessungsorgane; sie fungieren auch als eine Art Hebel. Die kleinste Bewegung, die vor allem eines der großen Schnurrhaare im Gesicht macht, pflanzt sich bis auf die Haut fort. Jedes dieser Haare kommt aus einer Kapsel, in der besonders viele Nervenenden zusammenlaufen. So nimmt die Katze sofort alles wahr, was die Schnurrhaare in Bewegung versetzt.

Die Schnurrhaare bilden also ein hochempfindliches Tastorgan. Sie werden z. B. dazu gebraucht, Essensreste am Boden aufzuspüren,

Die zehn Tage alte Minka hat die Augen schon fast ganz offen. Sie kann sie allerdings noch nicht auf einen Gegenstand einstellen, und die Welt erscheint ihr verschwommen. Die Ohren richten sich allmählich auf.

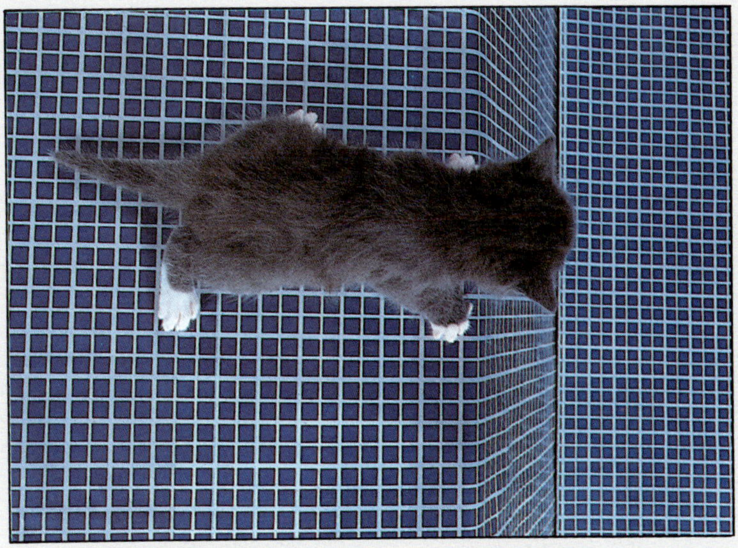

Das vorgespiegelte Hindernis

Das Kätzchen zögert, aber das Hindernis ist nur vorgespiegelt. Durch eine Glasscheibe, die über den mit kariertem Tuch bedeckten Tisch hinausragt, sieht das Kätzchen die Tischkante. Dennoch kann es sich auf der festen Oberfläche der Glasplatte weiter fortbewegen. Das bemerkt es auch bald und geht weiter, trotz der irreführenden visuellen Information. Als es nicht mehr schaut, wohin es tritt, fällt es von der Kante des Glases herunter. Das wäre ihm nicht passiert, solange es noch nicht sehen konnte, denn zu der Zeit verließ es sich nur auf den Tastsinn, nicht auf seine Augen.

die die Katze nicht sieht, weil sie zu nah ist, um ihre Augen darauf einzustellen. Die Schnurrhaare an den Pfoten geben ihr mehr Sicherheit im Umgang mit Gegenständen. Aber sie spüren nicht nur Gegenstände, sondern registrieren auch geringste Luftbewegungen und funktionieren natürlich auch bei völliger Dunkelheit. Mit Hilfe ihrer Nasenspitze empfindet die Katze auch geringe Temperaturunterschiede. Der erwachsenen Katze hilft das beim Aufspüren der Nahrung, die Kleinen weist es in Richtung ihrer Mutter. Der übrige Katzenkörper ist zwar sehr berührungsempfindlich (weshalb die Katze so gern gestreichelt wird), aber unempfindlich für Temperaturunterschiede. Eine Katze kann beim Feuer sitzen, bis sie sich das Fell versengt; und auch dann alarmiert sie nur der Geruch, nicht die Hitze.

In der zweiten Woche also treten die Augen und Ohren der kleinen Katzen in Funktion. Sie müssen nun mit zwei neuen Sinneswahrnehmungen fertig werden, und zwar schnell. Wenn sie nicht von Anfang an ihre Augen und Ohren richtig einsetzen, können daraus lebenslange Störungen dieser Sinnesorgane resultieren.

Die Augen einer Katze sind wie die des Menschen nach vorn gerichtet, und wie wir können Katzen räumlich sehen. Sie sind deshalb in der Lage, Entfernungen genau zu schätzen. Zudem ist ihr Gesichtsfeld größer als das des Menschen, und sie nehmen auch geringfügige Bewegungen am Rande ihres Gesichtsfeldes wahr, sehen also sozusagen aus den Augenwinkeln. Anders als die Menschen können sie die Ohren, d. h. den sichtbaren Teil der Ohren, bewegen und dank dieser Fähigkeit auch leise Geräusche besser wahrnehmen. Auch vermögen sie, Richtung und Entfernung eines Geräusches besser einzuschätzen, was z. B. für die Jagd bei Dunkelheit von großer Bedeutung ist.

Drei Wochen alt

In den ersten Lebenstagen schwillt, wenn das Kätzchen trinkt, sein kleiner Bauch beträchtlich an. Danach ist der Bauch so dick, daß er bis auf den Boden hängt, die Beine sind noch nicht lang genug, ihn hochzuhalten. Inzwischen aber sind alle Kätzchen gewachsen und wiegen nun das Vierfache ihres Geburtsgewichts. Ihre Muskeln haben sie jetzt unter Kontrolle. Sie können sich auf die Füße stellen und gehen, ohne mit dem Bauch den Boden zu berühren. Die Augen sind geöffnet, die Ohren aufgerichtet.

Jane nahm die Jungen nicht gern aus dem Nest, um sie zum Fotografieren in Positur zu setzen, denn die Kätzchen fühlten sich beunruhigt und schrien laut. Wenn aber zwei zusammenkamen, beruhigten sie sich.

Felix hat ein verklebtes Auge. Das ist recht häufig bei kleinen Katzen. Man sollte deshalb die Augen regelmäßig kontrollieren und sie, wenn nötig, auswaschen. Oft bekommen die Jungen Bindehautentzündung, die mit Augentropfen vom Tierarzt behandelt wird. Bleibt eine solche Erkrankung unbehandelt, kann das Kätzchen erblinden oder das Auge verlieren.

Moritz

Casimir

Felix

Joscha

Sylvester

Ginger

Minka

Familienleben

Katzen werden durch starke Familienbande zusammengehalten. Sowohl die Beziehung zwischen Mutter und Kind als auch zwischen den Geschwistern ist eng. Man weiß nicht genau, warum Katzenmütter ihre Familie oft nach etwa drei Wochen in ein anderes Nest bringen. Dabei transportiert die Mutter jeweils ein Junges. Wenn sie alle weggebracht hat, kommt sie noch einmal zurück, um nachzuschauen, ob wirklich keines im Nest zurückgeblieben ist. Sie kann nicht zählen und weiß deshalb nicht, wieviele Kätzchen sie hat, aber sie kann ihre eigenen von den anderen Katzenjungen und natürlich auch von anderen Tierkindern unterscheiden.

Die Kätzchen haben jetzt ungefähr den Entwicklungsstand erreicht, den ein Menschenkind mit achtzehn Monaten hat. Sie bewegen sich viel und erkunden ihre Umgebung. Mit den Vorderpfoten tasten sie Gegenstände ab und fangen bald an, sich Dinge zu angeln. Die meisten Kätzchen verwenden eine Pfote häufiger als die andere, werden also »rechts-« oder »linkspfotig«. Allmählich spielen sie miteinander.

Die Jungen bekommen dasselbe zu fressen wie Samantha. Alle fressen friedlich aus einer Schüssel. Nicht in jeder Familie geht es so gesittet zu!

Verständigung

Tagebuch · Fünf Wochen alt

In ihrem zweiten Lebensmonat verbrachten unsere Kätzchen viel Zeit damit, die große, aufregende Welt ringsum auszukundschaften. Sie beobachteten Bewegungen, probierten und kauten auf Gegenständen herum, befühlten andere mit den Pfoten, machten erste Kletterpartien, stürzten ab, rannten und überschlugen sich.

Minka ist fünf Wochen alt, ihre Augen sind weit geöffnet, die Ohren gespitzt; aufmerksam beobachtet sie etwas Ungewohntes.

Wie Menschen können Katzen vom Augenblick ihrer Geburt an schreien. Das hat anfangs die gewünschte Wirkung, genügt aber nicht in allen Situationen, und so fangen sie an zu schnurren. Mit zunehmendem Alter finden sie neue Möglichkeiten, sich mitzuteilen.

Schnurren bedeutet keineswegs immer dasselbe. Das Schnurren des Kätzchens, das zuerst an der Zitze ist, lockt die Geschwister herbei. Dann gibt es ein weiches, sanftes, fast schläfriges Schnurren, das Ausdruck der Zufriedenheit und Behaglichkeit ist. Durch ihr Schnurren kann die Katze aber auch einen Wunsch artikulieren. Ein sanftes, aber drängendes Schnurren in hohen Tönen bedeutet, daß das Kätzchen etwas sieht, was es gern haben möchte. Wenn es sein Ziel erreicht hat, werden die Schnurrtöne tiefer und rauher.

Zusammen mit einer bestimmten Tonfolge kann das Schnurren auch Teil eines leisen Begrüßungstremolos sein, das meist einem Menschen gilt. Es gibt dabei Variationen in Tonhöhe, Dauer und Vibrato, manchmal werden vorn oder hinten noch Töne zugefügt, um so aus der Begrüßung eine dringende Forderung zu machen oder auch um Anerkennung und Dank zu signalisieren. Der brünstige Schrei einer rolligen Katze ist eine besondere Form der Aufforderung.

Im allgemeinen wird durch Schnurren etwas Angenehmes artikuliert, eine Katze kann aber auch auf diese Weise anzeigen, daß sie Schmerzen hat oder sich krank fühlt.

Rufe und Schreie

Der murmelnde Ton wird durch die Stimme bewirkt, die Stimmbänder vibrieren. Zusätzlich hat sie Zisch-, Knurr-, Kreisch- und Spucklaute in ihrem Repertoire, Laute, für die unser Alphabet keine Buchstaben hat. Und dann gibt es natürlich das typische Katzengejaule, das ebenso unbeschreiblich wie unmißverständlich ist. Katzen können ihre Töne auf ganz verschiedene Weise zusammenstellen, sie brauchen keine Worte, sondern wechseln einfach Lautstärke, Tonhöhe und Dauer, um sich zu artikulieren.

Man kann die verschiedenen Töne in »Rufe« und »Schreie« unterteilen, wobei das ganz normale »Miau« die Grundlage für alle Ruflaute ist. Jeder Ruf hat einen ganz bestimmten Zweck. Er kann eine Bitte sein oder eine Beschwerde, weil die Bitte nicht schnell genug erfüllt wird, oder auch ein nachdrückliches Bestehen auf etwas, das die Katze gesehen hat und um jeden Preis haben will. Daneben gibt es den Ausruf der Bestürzung, der Verwirrung, der Besorgnis. Eine Katze, deren ureigenste Rechte angetastet wurden, macht sich mit einer anhaltenden Klage Luft.

Durch Schreie artikuliert die Katze starke Gefühle wie Angst und Zorn. Eine Katze kann einen tiefen, klagenden Schrei von sich geben, wenn sie in eine ihr fremde und vielleicht gefährliche Situation gebracht wird, Wutschreie dagegen bedeuten eine Warnung an den Feind, dem Kampf aus dem Weg zu gehen.

Körpersprache

Wenn eine Katze (aber auch ein Mensch) etwas ganz genau sehen will, erweitern sich die Pupillen, um mehr Licht hereinzulassen. Eine

Katze mit weiten Pupillen ist also auf der Hut, was nicht unbedingt bedeuten muß, daß sie beunruhigt ist. Sie drückt Alarmiertheit und Aggression vor allem durch die Stellung ihrer Ohren aus. Die entspannte Katze trägt die Ohren aufrecht. Wenn sie sich fürchtet, legt sie die Ohren an, wobei die Spitzen nach oben gedreht sind. Auch den Ärger einer Katze erkennt man an den glatt angelegten Ohren. Ein Zucken mit den Ohren bedeutet Angst.

Bei jedem plötzlichen Alarmzeichen duckt sich die Katze, sie ist dann auf dem Sprung hochzuschnellen oder davonzurennen. Das zeigt ihre Furcht an. Je ängstlicher eine Katze ist, desto tiefer duckt sie sich. Wenn sie angreifen will, streckt sie sich hoch, um größer zu erscheinen.

Auch der Schwanz läßt Schlüsse auf die Regung der Katze zu. Eine entspannte, zufriedene Katze trägt den Schwanz im allgemeinen oben, während sie herumgeht. Ein leichter Schnipser nach oben kann ein freundlicher Gruß sein, manche Katzen bringen aber auf diese Weise ihre Verachtung zum Ausdruck, die Bewegung entspricht dann etwa dem menschlichen Naserümpfen. Das Hin- und Herbewegen des Schwanzes kann verschiedene Gründe haben. Eine leichte Bewegung besagt, daß die Katze wachsam ist, wenn es aussieht, als wäre sie schläfrig. Das Zittern der Schwanzspitze ist ein Indiz für die Erregung der Katze oder geht der Erregung voraus. Ein starkes Peitschen des Schwanzes zeigt, daß die Katze sich ärgert.

Mimik

Eine sechs Wochen alte Schildpattkatze sieht zum ersten Mal einen Hund. Die geweiteten Pupillen und die fast angelegten Ohren zeigen an, daß das Kätzchen in Verteidigungsstellung ist, sich aber noch nicht fürchtet. Die Pupillen erweitern sich, um mehr Licht hereinzulassen und besser zu sehen; der Grund kann Freude, aber auch Beunruhigung sein. Angelegte Ohren besagen, daß die Katze sich auf Verteidigung einstellt. Wenn die Ohren so weit gedreht sind, daß man die Rückseite sieht (Seite 111) weist das auf aggressives Verhalten hin, das Kätzchen bereitet sich auf einen Angriff vor.

Ein Hund bedeutet kaum Gefahr für die Katze. Sie ist ihm über kurze Distanz an Schnelligkeit überlegen und kann jederzeit hochklettern oder sich durch einen Sprung in Sicherheit bringen.

Sechs Wochen alt

Wie man an Ausdruck und Haltung der Kätzchen erkennen kann, sind sie jetzt munter, aufgeweckt und an allem und jedem interessiert. Sie spielen mit weichen Spielzeugen, mit Wollknäueln, Federn oder mit den Schwänzchen der Geschwister. Sie können sicher gehen und laufen. Und, wie man bei Minka sieht, sie betreiben selbst schon Körperpflege. Sie haben bereits eine ausgeprägte Persönlichkeit und treffen manche Entscheidung schon selbst, z. B. wann sie ihre Mahlzeiten einnehmen.

Inzwischen haben sie sich daran gewöhnt, daß man sie herumträgt, und es macht ihnen gar nichts aus, zum Fototermin auf eine schwarze Unterlage gesetzt zu werden.

Der gähnende Joscha zeigt seine Milchzähne. Sie erscheinen bereits nach zwei oder drei Wochen, zuerst die Schneidezähne, dann die Eckzähne. Backenzähne haben kleine Kätzchen noch nicht. Die kommen erst mit etwa sechs Monaten zusammen mit den übrigen bleibenden Zähnen.

Ginger

Sylvester

Casimir

Vergleiche auch die Seiten 48–49

Entwöhnung

Tagebuch · Sieben Wochen alt

Samanthas Kinder hatten wirklich vorbildliche Tischmanieren. Es gab kaum einmal Gedränge und Futterneid um den Napf. Auch jetzt, mit sieben Wochen, fressen sie freundschaftlich aus derselben Schüssel.

Wenn sie etwa vier Wochen alt sind, interessieren sich kleine Katzen für das, was die Mutter frißt. Zu diesem Zeitpunkt spielen sie bereits, sind schrecklich neugierig und haben schon die ersten Zähne. Die Entwöhnung von der Mutter beginnt. Dabei geht das Interesse für feste Nahrung von den Kleinen aus. Die Mutter braucht nichts dazu zu tun. Was sie frißt, ist auch für die Jungen geeignet, sobald sie selbst den Wunsch haben, es zu probieren. Sie braucht sie also nur aus ihrer Schüssel fressen zu lassen. Die Kätzchen lernen von der Mutter und gucken sich von ihr ab, wie sie frißt. Genauso machen sie es dann auch, ohne daß ihnen eine besondere Lektion erteilt werden müßte.

Anfangs fressen sie nur ganz wenig, nippen ein bißchen, doch bei jeder Mahlzeit wird ihr Appetit größer. Wichtig ist, daß die Nahrung für die Katzenfamilie mindestens Zimmertemperatur hat. Von zu kaltem Fressen bekommen Katzen Bauchschmerzen.

In einer wildlebenden Katzenfamilie gäbe es natürlich viel mehr für die Mutter zu tun. Sie müßte auf die Jagd gehen oder in den Abfällen stöbern, und die Kätzchen hätten zu lernen, was man fressen kann und was nicht.

Die Katzenmutter würde ihre Beute zum Nest schleppen. Das klingt ganz einfach, bedeutet aber viel für sie. Denn eine hungrige Katze hat selbst eine ungeheure Gier zu fressen, wann und wo sie etwas Eßbares findet. Wird es ihr mit ihrer Beute zu gefährlich, bringt

Der Teller ist leer, die anderen sind schon weggegangen, nur Ginger, Moritz und Felix machen sich noch Hoffnungen. Mit ihren sieben Wochen sind sie immer hungrig.

Kampf um den Freßnapf

In einer Familie gibt es ein ständiges Geben und Nehmen. Unter kleinen Katzen überwiegt beim Fressen der Wunsch zu nehmen. Kätzchen sind immer hungrig und fressen, wie kleine Kinder, solange, bis nichts mehr da ist, selbst wenn ihnen schlecht wird. Derjenige, der als erster am Napf ist, bekommt das meiste im »Freß-Wettbewerb«. Man kann das Spiel auch mal mit der Pfote und einem Knurren für sich entscheiden oder erster sein und am schnellsten fressen.

sie den Bissen an einen sicheren Ort und verteidigt ihn mit Zähnen und Klauen. Aber wenn sie Junge hat, überwindet sie ihre Freßlust, bringt die Beute zum Nest und verfüttert sie an die Kleinen.

Sie läßt sie in Blickweite der Kätzchen fallen und weist mit einem Laut darauf hin, der soviel bedeutet wie »Seht, was ich euch mitgebracht habe«. Die Jungen untersuchen die Beute und schnuppern daran. Dann frißt die Mutter sie auf. So lernen die Kätzchen, wie etwas aussehen und riechen muß, damit man es fressen kann. Das wiederholt die Katze mit verschiedenen Beutetieren, bevor sie die Lektion erweitert. Die Kätzchen haben jetzt zwei unterschiedliche Mitteilungen auseinanderzuhalten. Die erste lautet: »Seht, da ist etwas Kleines, harmlos und eßbar!« Und die zweite bedeutet: »Seht, etwas Großes, Gefährliches, aber es ist eßbar, wenn ihr es erwischt, bevor es euch erwischt.«

Bald überwinden die Kätzchen ihre Scheu, tippen das Beutetier an und springen sogar darauf. Die mutigsten werden es dann als erste probieren. Die Mutter rollt die Beute herum, wirft sie verächtlich in die Luft, vielleicht um den Kleinen zu zeigen, wie man mit einer

Beute umgehen kann. Dann erst dürfen die Kätzchen sie haben. Auf diese Weise bekommen sie gezeigt, von welcher Art Nahrung sie sich von nun an ernähren müssen.

Wenn sie gelernt haben, Beute zu erkennen, kommt der zweite Teil der Lektion: Die Jungen dürfen das Beutetier fressen; die Verhaltensregeln werden jetzt komplizierter. Es gibt drei Arten von Beute. Die ersten zwei dürfen die Jungen fressen, die dritte ist der Mutter vorbehalten.

Mäuse in der Küche

So viel man bis heute weiß, wird das fürsorgliche Verhalten der Mutter durch die Jungen selbst bewirkt und nicht durch hormonale Veränderungen in ihrem Körper. Katzen, die selbst keine Jungen haben, bringen den Jungen einer anderen Katze auf dieselbe Weise Nahrung. Es gibt den Fall einer Katze, die selbst Junge hat, aber daneben noch einen Wurf älterer Kätzchen betreut, die einer anderen Katze gehören. Sie bringt den einen wie den anderen Futter, allerdings zu unterschiedlichen Zeiten. In einer Gruppe von Bauernhofkatzen, die man länger als ein Jahr beobachtet hat, stellte man fest, daß eine weibliche Katze die Beute zu ihrer Schwester brachte, die gerade Junge hatte. Die Bereitschaft, das Fressen auch mit erwachsenen Katzen zu teilen, ist eine Überentwicklung des Bedürfnisses, Junge zu versorgen. Es ist nicht allgemein üblich, kommt aber vor.

Viel häufiger ist dagegen, daß eine weibliche Hauskatze, besonders eine, die sterilisiert ist, ihre Beute den Menschen präsentiert, zu deren Haushalt sie gehört. Was sie auch erjagt, meistens sind es Mäuse, sie bringt ihnen die Beute zur Begutachtung. Sie will sich dafür nicht Lob oder Bewunderung einhandeln und nicht ihre Fähigkeiten als Jägerin unter Beweis stellen. Auch bringt sie ihre Beute nicht nach Hause, um gestreichelt zu werden, so gern sie sich im übrigen streicheln läßt. Sie zeigt ihnen das erlegte Tier, damit die Menschen es kennenlernen und ihr Interesse daran bekunden, denn sie will ihnen etwas beibringen. Die Menschen sind für sie Ersatzkinder, denen sie demonstrieren muß, wie ihre Nahrung auszusehen hat. Als Katzenhalter sollten Sie wirklich Interesse bekunden, um Ihrer Katze zu beweisen, daß Sie Ihre Lektion gelernt haben. Sie erwartet wahrscheinlich nicht von Ihnen, daß Sie die Beute schließlich verzehren, denn zu Ihrem Glück vergißt sie, daß der ersten Lektion eigentlich die zweite folgen sollte.

Während der ersten Lektion sind die Beutetiere übrigens tot. Bei jungen Kätzchen wäre die Begegnung mit lebender Beute zu gefährlich; selbst eine Maus kann den Jungen einen schmerzhaften Biß verpassen. Der nächste Schritt in der Erziehung der Kätzchen ist dann die Konfrontation mit lebender Beute, und damit beginnt ihre Laufbahn als Jäger.

Tagebuch · Sieben Wochen alt

Samanthas ganze Familie fraß aus demselben Napf. In manchen Katzenfamilien verschlingt der erste am Napf das Ganze, während die übrigen rundherum sitzen, zugucken und hungrig bleiben (Seite 37). In solch einem Fall muß jedes Kätzchen seinen eigenen Napf bekommen.

Stubenrein

Sobald die Jungen feste Nahrung zu sich nehmen, verändern sich auch die Ausscheidungen. Die Mutter kümmert sich nun nicht mehr um die Sauberkeit. Die Jungen haben selbst die Kontrolle über ihren Körper und müssen einen Platz für das große und das kleine Geschäft finden. Das lernen nicht alle gleich schnell, und manch eines verliert gelegentlich ein Häufchen oder ein paar Tropfen, die meisten Kätzchen aber benutzen bereitwillig eine Sandkiste als »Katzenklo.«

Solange die Kleinen noch bei der Mutter sind, gehen sie in dieselbe Kiste wie sie. Sie erkennen sie am Geruch und lernen so von ihr. Aber auch mutterlos aufgezogene Kätzchen lernen eine Kiste zu benutzen, schon nach drei Wochen wissen sie, wohin mit den Ausscheidungen, auch ohne mütterliche Anleitung. Selbst Bauernhofkatzen gehen bereitwillig an einen entsprechenden Platz, obwohl sie bis dahin gewöhnt waren, ihr Geschäft auf weichem Boden zu verrichten. Man kann die Katzenstreu sogar präparieren, damit die Kätzchen sie bereitwilliger als Abort akzeptieren, aber das ist meist gar nicht nötig. Das Katzenklo sollte von Anfang an groß genug sein, denn aus kleinen Katzen werden schließlich große.

Von der Mutter lernen die Jungen in Sachen Reinlichkeit nichts, sie bringen es sich selber bei, aber sie brauchen eine Möglichkeit zum Eingraben ihrer Exkremente. Viele Tiere verscharren ihre Ausscheidungen, aber Katzen machen daraus nicht etwa ein Ritual wie Hunde, die auch auf hartem Boden herumkratzen; Katzen verscharren nur etwas, wenn das Scharren auch einen Sinn hat. Katzen, die regelmäßig im Freien sind, haben meist bestimmte Stammplätze, die sie immer benutzen. Im Haus gehen sie in eine Kiste. Ist keine Kiste da, machen sie notgedrungen irgendwohin. Wenn sie sich das erst angewöhnt haben, ist es schwer, sie umzuerziehen.

Tagebuch · Sieben Wochen alt

Alle Kätzchen hatten Spaß an ihrem eigenen Kot, sie kratzten und gruben darin und spielten damit. Gelegentlich kletterte eins aus der Kiste heraus und machte anderswo hin. Die Kätzchen fraßen auch gelegentlich Kot oder knabberten daran, als ob es Kekse wären. Das schadet ihnen im allgemeinen nicht. Wenn Sie aber das Gefühl haben, es könnte dem einen oder andern Ihrer Kätzchen nicht gut tun, sollten Sie den Tierarzt fragen.

Das Katzenklo als Spielkiste

Das Katzenklo erfüllt für die Kleinen nicht nur einen Zweck, sie benutzen es auch als Spielkiste. Dieses sieben Wochen alte Kätzchen findet in der Kiste ein Versteck, von dem aus es sich an den Bruder anschleichen kann, der hinter der Tür hervorlugt. Am besten steht die Kiste auf einer Unterlage, die man gut sauberhalten kann, denn der Dreck wird überall hingetragen, wenn das Katzenklo zugleich zum Spielen und Herumtollen dient.

Begrüßungen

Tagebuch · Acht Wochen alt

Samantha ließ die Kleinen immer noch ganz gern trinken, auch als sie schon feste Nahrung zu sich nahmen und eigentlich hätten entwöhnt werden können.

Samantha kommt herein, und die Kätzchen begrüßen sie mit freundlich aufgerichteten Schwänzen. Sie reiben sich an ihr und bekommen gleich Lust, bei ihr zu trinken.

Wenn sich zwei Menschen begegnen, begrüßen sie sich auf ganz bestimmte Weise, um so nach anerzogenem Ritual Höflichkeit auszudrücken. Auch Katzen grüßen sich bei einem Zusammentreffen, aber unter Familienmitgliedern hat die Begrüßung noch einen besonderen Zweck. Sie markieren sich gegenseitig mit Düften, die nur dieser Familie eigen sind und an denen sie sich sofort erkennen. Junge Katzen müssen untereinander und auch älteren gegenüber höflich sein. Wenn sie in der Obhut von Menschen leben, werden diese in das Begrüßungszeremoniell eingeschlossen.

Eine Katze begrüßt die andere mit ihr zugewandtem Gesicht. Angriffe kommen nämlich meist von hinten. Dann geht die Katze so nahe an die andere heran, daß sich die Nasen berühren. Sollte es irgendeinen Zweifel geben, beriecht man sich auch hinten. Das ist für eine kleine Katze gar nicht so leicht, wenn das Gegenüber viel größer ist. Sie kann statt dessen den Schwanz steil nach oben schnipsen, ein murmelndes Schnurren von sich geben oder auch mit steifen Vorderbeinen einen kleinen Hopser machen und dabei das Vorderteil ein bißchen anheben, um gleich wieder klein zu werden.

Das Begrüßungsritual kann auf zweierlei Weise seine Fortsetzung finden, je nachdem wie herzlich die Beziehungen zwischen den

beiden Katzen oder zwischen dem Kätzchen und einem anderen Tier sind. Bei eher flüchtigen Begrüßungen geht eine Katze an der anderen vorbei und berührt dabei fast ihre Flanken. Dabei stellen beide Katzen die Schwänze steil auf und knicken die Schwanzspitzen in Richtung der anderen um. Eine herzlichere Begrüßung sieht so aus, daß eine Katze ihre Wange an der Flanke der anderen reibt. Und wenn es besonders zärtlich zugeht, reiben die Katzen ihre Gesichter gegenseitig am Fell der andern. Mit dieser Art Begrüßung werden auch menschliche Gefährten oft bedacht.

Das Grüßen ist nicht nur Zeichen der Zuneigung, sondern durch das gegenseitige Reiben werden Düfte ausgetauscht. Eine Katze hat Duftdrüsen auf Lippen und Kinn, seitlich an der Stirn und am Schwanz entlang. Menschen riechen diese Düfte nicht, doch wenn eine Katze einem auf den Schoß springt, Nase an Nase reibt und sich dann umdreht und den Schwanz aufrichtet, erwartet sie einfach, daß man nun seinerseits mit der Nase ihre hintere Region inspiziert.

Links *Samantha leckt Felix' Fell einfach als Zeichen der Zuneigung und nicht etwa, weil sie ihn putzen will; im Gegenzug beginnt Felix bei ihr zu saugen, während Ginger sich am Schwanz des Bruders zu schaffen macht.*
Unten *Obwohl ihre Kinder jetzt schon sieben Wochen alt sind, erlaubt ihnen Samantha noch, bei ihr zu trinken.*

Kätzchen beim Spiel

Felix und Minka, acht Wochen alt, liefern sich einen spielerischen Kampf. Es geht zwar ziemlich rauh zu, aber kein Kätzchen verletzt ein anderes beim Spiel.

Manche Mütter spielen gern mit ihren Kindern, andere halten sich mehr zurück. Samantha hatte nichts übrig fürs Spielen, obwohl sie eine gute Mutter war. Gelegentlich kommt der Vater zu Besuch und spielt dann mit den Kätzchen. Manche Väter aber kümmern sich überhaupt nicht um ihre Nachkommenschaft. Auch ältere Geschwister kommen gern zum Spielen und verbringen ihre Zeit in der Kinderstube. Samanthas Kinder aber blieben unter sich.

Die Jungen fangen früh an zu spielen. Anfangs sind sie aber ausschließlich hungrig oder müde und schlafen, sobald sie allein sind, in einem Knäuel. Dieses Zusammenkuscheln mögen sie auch später noch, aber nach ein paar Wochen richten sie das warme Knäuel so ein, daß immer eines das Kinn auf den Rücken des andern legen und so schlafen kann. Bis alle diese Position eingenommen haben, müssen sie sich lange herumdrehen und hin- und herwälzen. Schließlich schläft das ganze Knäuel friedlich. Wie schon früher

(Seite 24) berichtet, sind sie aber auch im Schlaf unruhig, stoßen herum, purzeln herunter, wärmen sich mitten im Knäuel auf und klettern wieder nach oben. Die friedliche Schlafszene endet auch oft in einer Keilerei.

Die Kätzchen lernen, ihre Muskeln zu beherrschen, und trainieren sie auch. Keiner bringt den Kätzchen das Stehen und Laufen bei und auch nicht, wie sie senkrecht in die Luft springen müssen. Sie lernen schon früh, alle vier Beine gleichzeitig und ruckartig zu strecken und hochzufliegen. Es ist natürlich viel lustiger, nicht auf dem Boden, sondern auf dem Rücken von jemandem zu landen; wenn der Jemand das übel nimmt, wird aus dem Springen bald ein Kampf.

Der Überfallene rollt sich meist auf den Rücken und hat dann eine besonders günstige Kampfstellung, weil er Pfoten und Zähne frei hat. Mit den Vorderpfoten hält er den Angreifer, bearbeitet ihn mit den Hinterpfoten und versetzt ihm obendrein ein paar Bisse. Ernsthafte Verletzungen aber gibt es bei solchen Gefechten nicht. Junge Kätzchen können zwar die Krallen noch nicht einziehen, aber die sind ja, wie auch die Zähne, winzig klein und dringen kaum durch das Fell des andern. Ihre Raufereien sehen zwar wüst aus, richten aber keinen Schaden an.

Wenn eine Mutter ihr Kleines putzt oder die Ausscheidung stimuliert, rollt sie es auf den Rücken und bearbeitet die Unterseite. Die Jungen lieben diese Behandlung und lassen sich auch später gern am Bauch streicheln und kraulen. Doch sie sind dann zugleich in allerbester Kampfposition und fangen unter Umständen im nächsten Moment an zu spielen und zu raufen.

Anschleichen und Überfallen

Auf andere Kätzchen zu springen und mit ihnen herumzubalgen wird eines Tages langweilig; dann denken sie sich raffiniertere Überfallmethoden aus. Sie beschleichen sich gegenseitig, bevor die Jagd losgeht. Von einem ernsten Angriff schrecken sie aber zurück, weil sie sich nicht gegenseitig ernstlich weh tun wollen. Bei plötzlichem Stillstand fällt das Kätzchen oft vornüber. Später lernt es, Deckung zu suchen, auf dem Bauch zu kriechen, den Körper im Gleichgewicht zu halten und dabei bedeutungsvoll mit dem Schwanz zu winken, ob es nun zu einem Schlußsprung ansetzt oder nicht.

Spielerisch übt die junge Katze so das Jagen und den Umgang mit der Beute ein. Wenn sie es mit einem größeren und stärkeren Gegner zu tun hat, versucht sie zunächst einmal zu entkommen. Hat sie dazu keine Chance, gibt es zwei Möglichkeiten für sie. Wenn beide Gegner Katzen sind, wird die schwächere so flach wie möglich über den Boden kriechen und mit dem Nacken ihren verletzlichsten Punkt darbieten. Diese Unterwerfungspose genügt meistens, um die Situation zu entspannen. Die stärkere Katze akzeptiert die Demütigung und erlaubt der schwächeren, sich zurückzuziehen. Kleine Katzen müssen das alles erst lernen. Schließlich sind sie klein und schwach, aber sie begreifen ganz schnell. Lieber nehmen sie die zweite Möglichkeit wahr, das heißt, sie machen einen Überraschungsangriff, wenn der andere nicht auf der Hut ist.

Tagebuch · Acht Wochen alt

Samantha war eine sehr gutmütige Mutter und ging liebevoll mit den Kleinen um, spielte aber nicht mit ihnen. Doch sie waren ja viele und hatten auch ohne sie Spielkameraden genug. Wenn alle Jungen nach dem Füttern aufgewacht waren, stand Samantha auf, sprang irgendwo hinauf oder ging hinaus, damit ihr die Jungen nicht folgen konnten.

Dann versucht der kleine Angreifer, so groß und so gefährlich wie möglich auszusehen. Er steht auf den Zehenspitzen, macht einen riesigen Buckel, um an Höhe zu gewinnen, und sträubt das Fell. Bei allen Säugetieren hat jeder Haarbalg Muskeln, die die Haare buchstäblich zu Berge stehen lassen können. Natürlich wirkt die Katze viel größer und imposanter mit dem gesträubten Pelz und dem Schwanz, der wie eine Flaschenbürste aussieht (wie bei der »Hexen-Katze« auf Seite 47). Da das Fell noch nicht ganz dicht ist und die Haare nicht alle gleich lang sind, verschwimmen die Konturen ein bißchen, was den Gegner zusätzlich verwirrt. Er sieht keine scharfen Umrisse. Seine Verblüffung dauert vielleicht nur den Bruchteil einer Sekunde, aber das genügt.

Mit zurückgelegten Ohren und lautem Geheul trägt das Kätzchen nun mit den Vorderpfoten seine Attacke vor. Um nicht den Vorteil der vorgetäuschten Größe und Stärke einzubüßen, nähert es sich nicht frontal sondern seitwärts, wobei sich das Hinterteil in einer Art Tanzschritt schneller zu bewegen scheint als die Vorderpartie, sie wirft das Gewicht auf die Hinterbeine und hebt die Vorderpfoten. Der Angriff erfolgt nicht allzu schnell, sieht aber wirklich zum Fürchten aus; wenn der Gegner das Weite sucht, ist der kleine Angreifer hochzufrieden.

Die aufgedrehten Kätzchen führen solche Angriffe gegeneinander und tänzeln aufeinander zu. Manchmal verfehlen sie auch ihr Ziel und landen hinter dem Gegner. Dann wieder stoßen sie aufeinander und plumpsen übereinander.

1 *Joscha beschäftigt sich mit einer Spielzeugmaus. Er hat sie »gefangen« und trägt sie erhobenen Hauptes in der Schnauze.*

2 *Die Maus wird im Genick festgehalten. Sie ist damit bewegungsunfähig und kann die Katze nicht beißen.*

Spielzeuge

Anschleichen, jagen, auf dem Sprung sein, angreifen und sich selbst verteidigen, all das ist wichtig für sie, aber es genügt nicht. Da eine Katze Beute macht, muß sie auch mit Gegenständen umgehen können. Junge Katzen brauchen deshalb Spielsachen, die leicht, klein und gut zu bewegen sind. Nach solchen Gegenständen können sie am besten greifen. Das geeignetste Spielzeug ist immer noch ein Wollknäuel, und am glücklichsten ist das Kätzchen, wenn Sie einen Gegenstand an einem Band hin- und herpendeln lassen.

Ein Kätzchen gibt sein Spielzeug nicht her, wenn es ihm nicht von einem anderen gestohlen wird. Solange das Spielzeug auf dem Boden liegt (übrigens besser auf dem glatten Boden als auf einem Teppich), besteht das Spiel im Heranpirschen und Springen, Zubeißen, Wegstoßen und Jagen. Rollt es unter ein Möbelstück, versucht das Kätzchen, es mit der Pfote zurückzuholen. Wenn Sie es durch das Zimmer trudeln lassen, jagt das Kätzchen hinterher. All das sind Vorübungen fürs Mäusefangen.

Hängen Sie das Spielzeug so auf, daß es frei schwingt, ändert sich das Spiel. Jetzt gibt es ein Jagen und Springen, um den Gegenstand zu fangen und zwischen die Vorderpfoten zu bekommen. Das hat nichts mit Mäusefangen zu tun, sondern nun geht es um Beutetiere, die man zwar am Boden jagt, die dann aber auffliegen, so daß man sie nicht dort treffen muß, wo sie gerade sind, sondern dort, wo sie hinwollen. Die Katze muß springen, um das Tier zu erwischen, und es auf den Boden zurückbringen. Eben wie eine Katze einen Vogel fängt.

3 *Flink und vorsichtig tippt Joscha die Maus an. Wenn sie sich bewegt, lebt sie noch, und er fängt sie; wenn nicht, wird sie »gefressen«.*

4 *Sie hat sich bewegt und ist entwischt. Nun muß Joscha einen neuen Schlag vorbereiten, sonst ist sie endgültig weg.*

Ein Spielzeug, das nicht angebunden ist, wird oft mit einer Pfote gepackt und in die Luft gewirbelt. Nach einigen Übungswürfen landet das Ding über dem Kopf der Katze, sie folgt seinem Flug und schlägt zu, wenn es landet. Auch als Angler übt sich die kleine Katze. Fisch spielt zwar auf dem Speisezettel der freilebenden Katze keine besonders große Rolle, aber sie muß ihre Nahrung nehmen, wo sie sie findet. Die angelnde Katze sitzt am Ufer, wartet auf den Fisch, taucht die Pfote mit ausgefahrenen Klauen ins Wasser, fängt den Fisch von unten und schleudert ihn ans Ufer.

Warum spielen auch erwachsene Katzen manchmal mit ihrer Beute? Es gibt keine rechte Erklärung dafür, aber das Verhalten erinnert an die Katzenkinderstube. Die Katze verhält sich nun zur Beute wie früher zum Spielzeug. Dieses Beibehalten kindlicher Gewohnheiten versetzt sie wohl auch in die Lage, mit Menschen zusammenzuleben. Vielleicht ist es das Spielerische ihres Wesens, das »Kätzchenhafte«, das wir an ihr so lieben.

5 *Ein Sprung daneben! Joscha hat einen Satz gemacht und landet mit ausgestreckten Pfoten und ausgefahrenen Krallen, hat aber die Maus verfehlt.*

6 *Jetzt hat er sie erwischt und am Genick gepackt; aber er sieht irgendwie mißtrauisch aus und starrt wild auf die Kamera.*

Die Hexen-Katze

Acht Wochen alt ist die blaue Abessinierkatze, die sich mit ihrem Katzenbuckel so groß wie möglich macht und alle Haare sträubt. Der Schwanz sieht wie eine Flaschenbürste aus. Die Umrisse ihres Körpers sind unscharf. Die Ohren sind angelegt, der Kopf ist nach vorn gestreckt. Fast tänzelnd geht sie vor, dem Gegner ihre »Breitseite« zeigend, das Gewicht legt sie auf die Hinterbeine, während die Vorderpfoten bereit sind, nach Bedarf rechte und linke Haken auszuteilen.

7 *Bevor man ihm am Ende seine Beute wegnimmt, dreht er sich vorsichtig um. Aus den Augenwinkeln kann er die kleinste Bewegung wahrnehmen.*

8 *Er ist ein bißchen nervös geworden und beschließt, anderswo weiterzuspielen. Die geduckte Haltung zeigt, das er seiner Sache nicht sicher ist.*

Zehn Wochen alt

Sie sehen nun schon wie richtige junge Katzen aus, sind abenteuerlustig, und ihre Abneigung gegen die schwarze Unterlage, auf der Jane sie fotografiert, ist ganz verschwunden. Joscha mag den schwarzen Samt so gern, daß er ihn am liebsten in Fetzen reißen würde.

Alle Sinnesorgane sind nun voll entwickelt, und die Kätzchen haben auch ihre Muskeln unter Kontrolle. Seit sie fünf Wochen alt sind, können sie sich auf die Hinterbeine setzen und sich aufrichten wie Ginger auf diesem Bild. Jeder Gegenstand wird daraufhin untersucht, ob man hinter ihm herjagen oder mit ihm kämpfen kann; aber immer noch ist das Wollknäuel das begehrteste Spielzeug. Die Wollfäden reißen, wenn sich Casimir richtig darin verheddert hat; so kann er sich nicht verletzen. Sylvester demonstriert, wie graziös die Bewegungen einer Katze sein können. Felix ist mit Spielsteinen beschäftigt. Er sieht zwar die Farben, aber Farbe spielt für Katzen keine große Rolle. Sie sind Nachttiere und reagieren auf Töne, Gerüche und Bewegungen, nicht auf Farben, die sie ja nachts ohnehin nicht sehen können.

Minka
Sylvester
Casimir
Felix

Schlafen und Wachen

Felix erwacht und gähnt ausgiebig; er tankt Sauerstoff, um die entspannten Muskeln wieder mit Energie zu versorgen.

Man weiß von Katzen, daß sie bei jeder Gelegenheit schlafen können, über Stunden, aber auch für den Bruchteil einer Sekunde. Nicht nur die Hauskatzen sind begeisterte Schläfer, auch Großkatzen wie Tiger und Löwen schätzen ein Nickerchen über alles.

Wir Menschen, rastlos wie wir sind, betrachten den Schlaf gleichsam als verlorene Zeit und meinen, Katzen wären faul. Dabei verspüren Katzen nur nicht den Drang, jeden Augenblick körperlich oder geistig aktiv zu sein. Das unterscheidet sie eben von uns. Die Katze braucht den Schlaf, weil sie mit der Energie, die sie sich mit der Nahrung zugeführt hat, haushalten muß. Als Fleischfresser braucht sie die energiereichste Form der Nahrung, und die ist schwerer zu beschaffen als pflanzliche Kost. Die Katze frißt zwar weniger und verwendet auch weniger Zeit aufs Fressen als ein Pflanzenfresser, aber sie kann sich ihrer nächsten Mahlzeit nie ganz sicher sein. Es gibt Zeiten, in denen sie nichts zu fressen hat und auch keine größeren Anstrengungen macht, etwas zu bekommen. In diesen Zeiten hat sie nichts zu tun, also tut sie auch nichts. Wissenschaftler, die Katzen längere Zeit beobachteten, haben festgestellt, daß sie einen Großteil ihrer Zeit mit Nichtstun verbringen.

Sie schlafen aus Langeweile und auch, um unerfreulichen Situationen auszuweichen. Katzen, die ihr Leben lang in Käfigen leben, finden sich mit dem Eingesperrtsein ab, aber eine Katze, die zum ersten Mal eingesperrt wird, schläft die meiste Zeit, um sich auf diese Weise gleichsam zu »verstecken«. Eine gut gefütterte zufriedene Hauskatze schläft mit zunehmendem Alter immer mehr.

Träumen und Dösen

Bei den meisten Tieren gibt es drei verschiedene Arten des Schlafens, den oberflächlichen, leichten Schlaf, den Tiefschlaf und jenen Zustand des Halb-Wachseins und Halb-Schlafens, aus dem man entweder in richtigen Schlaf fällt oder wach wird. Katzen verharren oft stundenlang in diesem Zustand.

Ganz junge Katzen kennen nur zweierlei, das Schlafen und das Wachsein, und ihr Schlaf ist immer fest und tief. Die Körpertemperatur steigt an, das Herz schlägt langsamer, der Blutdruck sinkt, und die Muskeln sind entspannt. Diese Art Schlaf nennen die Psychologen den »Tiefschlaf« oder REM-Schlaf, wobei REM die Abkürzung für »Rapid Eye Movement« ist. Die Gehirnaktivität des Schlafenden ist dabei, obwohl er nicht bei Bewußtsein ist, jetzt stärker als während des leichten Schlafes; wahrscheinlich arbeitet das Gehirn in diesem Zustand genauso intensiv wie im Wachsein. Gehirnströme kann man bei Katzen (wie bei den Menschen) einfach und schmerzlos mit Hilfe von Elektroden messen, die am Kopf angesetzt werden. Während des Tiefschlafs sind die Augen einen Spaltbreit geöffnet, die Pupillen geweitet und das dritte Augenlid, die Nickhaut, ist weiter heruntergelassen als im wachen Zustand.

Kurz bevor die Muskeln erschlaffen, bewegen sich die Augen. Die Bewegung ist langsam, die Ohrmuskeln sind ebenso in Aktion wie die der Augen. Die Katze kann im Schlaf sogar schnurren, brummen oder maunzen, manchmal bewegt sie die Glieder, und gelegentlich macht

Tagebuch · Elf Wochen alt

Auch mit fast drei Monaten haben die Kätzchen noch dieselben Schlafgewohnheiten wie im Säuglingsalter. Sie liegen zwar nicht mehr alle in einem Knäuel, aber noch immer am liebsten eng umschlungen.

Felix ist erwacht. Katzen wachen manchmal kurz nach einem Traum auf, gähnen, strecken sich und fallen erneut in Schlaf. Hier zeigt aber das Strecken, daß Felix endgültig wach ist.

Beim Strecken macht er einen Bukkel, dann werden die Vorderbeine gedehnt. Schließlich steht Felix auf, geht ein paar Schritte und streckt auch die Hinterbeine. Dieses Aufwach-Ritual vollzieht sich fast immer in derselben Weise.

eine tiefschlafende Katze sogar Jagd auf unsichtbare Beute. Die Katze träumt wahrscheinlich auch. Alle Tiere träumen, und wenn sie daran gehindert werden, träumen sie sofort wieder, sobald sie Gelegenheit dazu haben, um das Versäumte nachzuholen.

Die junge Katze erlebt den leichten, oberflächlichen Schlaf erst, wenn ihr Nervensystem ein bestimmtes Stadium der Entwicklung erreicht hat, sie ist dann zwischen einer und vier Wochen alt. Dann fällt die Körpertemperatur, die Gehirnaktivität geht zurück, das Tier liegt weniger entspannt als im Tiefschlaf; das Gehör ist aber schärfer und nimmt auch leiseste Geräusche wahr.

Die Rückkehr des Vaters

Tagebuch · Elf Wochen alt

Als die Kätzchen elf Wochen alt waren, schien Samantha wieder rollig zu werden. Das war ein Wendepunkt im Leben der Kleinen. Statt auf ihre freundlichen Grüße zu reagieren wie bisher oder sie gelegentlich noch trinken zu lassen, wurde sie wütend. Cäsar, der Vater, erschien wieder bei seiner Familie, angelockt von Samanthas Schreien und von ihrem Duft. Zuerst hatten die Kätzchen Angst vor ihm, und er fauchte sie an, aber bald gewöhnten sie sich aneinander und wurden schließlich Freunde und sogar Spielgefährten. Samantha freute sich über die Besuche von Cäsar, aber dann wies sie ihn ebenso schroff zurück. Sie war scheinrollig und ließ ihn nicht an sich herankommen. Unglücklicherweise starb sie ein paar Wochen später an einem Nierentumor.

Statt der sonst üblichen freundlichen Begrüßung durch die Mutter wird Minka hier wütend zurückgewiesen. Sie ist nun endgültig entwöhnt.

Die Entwöhnung beginnt meist, wenn die Kleinen ihrer Mutter gelegentlich zum Freßnapf folgen – eigentlich um zu spielen oder bei ihr trinken – und dann auch einmal ihr Fressen probieren. Stellt man ihnen ein Schüsselchen Milch hin, probieren sie sie mehr aus Neugier. Sie verschlucken sich und niesen zuerst, bis sie gelernt haben, wie weit man die kleine Schnauze in die Flüssigkeit tauchen muß. Wenn sie sich dann an fester Nahrung versuchen, saugen und schlürfen sie zuerst, aber mit dem gesamten Körper wachsen ja auch die Zähne, und bald lernen sie zuzubeißen. Wahrscheinlich tun sie der Mutter beim Saugen jetzt weh, und sie beschließt deshalb, daß die Sache ein Ende haben muß. Oder sie wird scheinrollig, und dann ist es mit dem Stillen sowieso vorbei.

Damit ist die Kindheit der Kätzchen zu Ende, und die Beziehung zur Mutter wird eine andere. Die Familie bleibt zwar als soziale Gemeinschaft beieinander, aber die Kinder werden nun sozusagen »schulreif«. Sie können sich selbst putzen, allein fressen und sich allein, wenn man so will, die Schnürsenkel zubinden.

Das Leben mit dem Vater

Das Säugen der Jungen stimuliert die mütterliche Milchproduktion; wenn es aufhört, finden in ihrem Körper hormonale Veränderungen statt, und sie wird bereit für die nächste Schwangerschaft. Eine Hauskatze kann schon nach drei Wochen wieder rollig werden. Wenn die Familie im Freien lebt, dauert die Fürsorge länger, die Familie bleibt ungefähr ein Jahr zusammen, bis der nächste Wurf kommt.

Um diese Zeit taucht der Vater wieder auf. Manche Väter besuchen ihre Jungen regelmäßig und spielen mit ihnen, viele aber zeigen nicht das geringste Interesse für die Nachkommenschaft. Sie haben ja meist mehrere Familien.

Das Territorium, in dem ein Kater Jagd macht, ist viel größer als das einer Katze; es deckt meist mehrere weibliche Reviere ab. Und da diese sich oft überschneiden, hat er zahlreiche Katzen zu betreuen. Wenn er kommt, wird er zwar begrüßt, gelegentlich werden ihm sogar Freundlichkeiten erwiesen, aber wenn die Katze nicht rollig ist, bleibt der Kater nicht lang. Andernfalls deckt er sie natürlich. Um die Kätzchen kümmert er sich meist nicht, außer wenn sie ihm mit ihrem Wunsch zu spielen lästig sind, wenn er gerade müde ist oder etwas Besseres zu tun hat. Dann faucht er sie an oder schlägt sogar mit der Pfote nach ihnen. Den meisten Jungen bedeutet ihr Erzeuger nicht allzuviel.

Bevor die Mutter nach dem Entwöhnen wieder rollig wird, kann sie eine Woche vorher scheinrollig sein. Dann jault sie, wälzt sich herum und bietet sich an; der Kater wird auf diese Weise in Erregung versetzt. Doch wenn er sie bespringen will, faucht sie ihn an und kratzt ihn. Ist er ein paar Mal von ihr abgewiesen worden, macht er sich vielleicht an eines der Kätzchen heran. Der versuchte Deckakt kann natürlich nicht gelingen, ist aber gefährlich. Beim Decken packt der Kater die Katze mit den Zähnen im Nacken (Seite 115). Das macht er auch beim Kätzchen, und wenn dieses sich wehrt, beißt er fester zu. Meist hält das Kleine aber still und kommt so davon.

Cäsar und Samantha sehen sich nach der Geburt ihrer Jungen zum ersten Mal wieder. Sie scheinen sich zu freuen (links). *Cäsar reibt seinen Kopf an Samanthas Brust, und sie leckt ihn oben am Kopf. Dann versetzt sie ihm plötzlich einen Hieb* (unten), *den er als Warnung verstehen muß, Abstand zu wahren.*

So macht Minka Fortschritte

Das früheste Säuglingsalter ist eine schwierige und gefährliche Zeit, die Katzen so schnell wie möglich hinter sich bringen müssen. Am ersten Tag (1) ist Minka blind und taub und nur 10 cm lang. Am Ende der ersten Woche (2) mißt sie schon 12,5 cm. Augen und Ohren öffnen sich allmählich, und sie lernt, ihre Glieder kontrolliert zu bewegen. Nach drei Wochen (3) ist sie schon 16,5 cm lang.

Sie kann jetzt sehen und hören, auf den Beinen stehen und richtig gehen. Mit sechs Wochen (4) mißt sie 20 cm und ist ein verspieltes Kätzchen,

1

2

3

4

Vergleiche auch die Seiten 70–71

das herumrennt und herumspringt, seinem Spielzeug nachjagt und mit den Brüdern herumtollt. Mit zehn Wochen (5) ist die Kinderzeit zu Ende, und Minka ist nun eine junge Katze von 25 cm Länge, sie frißt feste Nahrung und erkundet neugierig ihre Umwelt.

5

Lernen und Erkunden

Junge Katzen sind ungeheuer wißbegierig. Sie untersuchen alles, erkunden jeden Winkel, und manchmal bringt sie ihre Neugier in mißliche Situationen. Diese Entdeckungslust beweist ihre Intelligenz, aber die Neugier hat auch einen ganz praktischen Hintergrund. Die Katze hat in einer Welt, die sie für sich entdecken muß, in der alles neu ist, nur ein halbes Jahr oder weniger Zeit, sich auf das Erwachsenendasein vorzubereiten und zu lernen, wie man sein Fressen findet und sich durchschlägt. Sie muß das Jagen nach Beute einüben und sich mit ihrer Umgebung bekanntmachen.

Die wißbegierige Katze ist auf der Suche nach Dingen, die sie sehen, riechen oder hören kann. Sie muß Gegenstände und Plätze kennenlernen, an denen Gefahren lauern, und solche, an denen sie etwas zu fressen findet. Die verspielte Katze übt beim Spiel die Futterbeschaffung ein.

Joscha entdeckt nun die weite Welt draußen. Es sieht aus, als spielte er, aber er ist dabei zu lernen. Der Zweig hat einen interessanten Duft. Vielleicht war ein Hund da? Droht hier am Ende Gefahr?

Das Katzendasein kennenlernen

Tagebuch · Drei Monate alt

Jetzt konnte man den Kätzchen erlauben hinauszugehen. Sie waren geimpft und auch robust genug, mit den meisten Schwierigkeiten fertig zu werden. Moritz' erstes Problem war der Teich. Er marschierte schnurstracks auf ein paar schwimmende Gräser zu und glaubte, er könnte übers Wasser gehen. Nachdem er ein paarmal seine nasse Pfote eingetaucht hatte, versuchte er hinüberzuspringen, aber da wurde er nur noch nasser.

In den Wochen, die ein Kätzchen in der Umgebung des Nestes verbringt, in denen es spielt, rauft, herumrennt, sich anpirscht, balgt und andern Fallen stellt, erfährt es seine frühkindliche Erziehung. Wenn es etwa drei Monate alt ist, sind alle Sinne ausgeprägt, und der kräftige drahtige Körper gehorcht ihm schon. Jetzt ist es an der Zeit, neue Erfahrungen zu machen, sich auf das »richtige« Leben in der Erwachsenenwelt, das heißt als Jäger, vorzubereiten. Da gibt es viel zu lernen.

Die Welt draußen ist fremd, und die Katze sieht sie mit anderen Augen als der Mensch. Sie ist ja klein, und die Aussicht wird ihr durch viele Dinge versperrt, die größer sind als sie. Dort, wo sie selbst gut sieht, kann sie ebenso gut gesehen werden. Das ist ein Risiko. Sie geht deshalb nicht gern aus der Deckung, und obwohl sie ein scharfes Auge hat, macht sie ihre Entdeckungen hauptsächlich durch Geruch,

Oben *Moritz versucht, über den Teich zu springen, verrechnet sich aber und landet im Wasser.*
Links *Verdreckt und bestürzt schleppt er sich ans Ufer.*
Rechts *Katzen lernen schnell und merken sich, was sie lernen. Beim nächsten Mal wird Moritz einen größeren Satz machen und trocken bleiben.*

Gehör und Berührung. Mit der Nase stellt sie fest, daß ein anderes Tier da war, und die Intensität des Duftes sagt ihr, wann es vorbeigegangen ist. Sie spürt den kleinsten Lufthauch und hört die leiseste Bewegung. Die Haare in ihren Ohren sind so fein, daß Wissenschaftler der Meinung sind, auf sie könnten die gleichen Quantenkräfte einwirken wie auf Elementarteilchen, wodurch sie in ununterbrochene Schwingungen versetzt werden, welche die Katze vernehmen kann. Sie übertönen leisere Geräusche und markieren so die Schwelle ihres Gehörs. In den Venen und Arterien in der Nähe der Ohren gibt es Wirbel, und auch sie kann die Katze hören.

Bei ihren Streifzügen merkt sich die Katze die Umgebung, indem sie sich eine Landkarte von Geräuschen, Bewegungen, Gerüchen und im engeren Umkreis auch aus Bildern formt. Sie entdeckt Plätze, wo sie sich ausruhen oder dösen und sich zwischen den Pflanzen

Hunde und Katzen kommen oft bestens miteinander aus. Die drei Monate alte Minka begrüßt Boris mit freundlichem Hochschnipsen des Schwanzes und einem Nasenkuß.

ringsum verstecken kann, wo es windgeschützt ist und wo sie den Sonnenschein genießen kann. Sie merkt sich die Pfade, die Mäuse und Wühlmäuse als Fluchtwege von und zu ihren Nestern benutzen, wenn sie auf Futtersuche sind. Sie erinnert sich, welche Bäume sie leicht erklimmen kann und wo es Schlupflöcher in Hecken und Zäunen für sie gibt, die einem größeren Verfolger versperrt sind.

Gründlich und doch vorsichtig inspiziert sie jeden Gegenstand, dem sie zum ersten Mal begegnet; sie beschnüffelt und berührt ihn, tastet ihn ab und ordnet ihn in eine der beiden Kategorien ein, die allein für sie zählen: Nahrung oder Gefahr. Gegenüber Tieren, die weder Fell noch Federn haben, ist sie mißtrauisch; vielleicht weil solche Lebewesen keinen deutlich sichtbaren Angriffspunkt, also keinen Nacken bieten, wie sie ihn von ihren Beutetieren gewöhnt ist, vielleicht aber auch, weil jedes Tier Gefahr bedeuten kann. Schlan-

Katzen regulieren ihre Körperwärme nicht durch Schwitzen, sondern durch Hecheln. An einem heißen Tag hat Moritz einen schönen, schattigen Platz in einem Holzstoß gefunden, ruht sich ein bißchen aus und hechelt.

genartigen Tieren beispielsweise nähern sich die meisten Säugetiere ausgesprochen respektvoll.

Sie lernt aus Versuchen und aus Mißgriffen, aber vor allem durch Beobachtung, und sie lernt sehr schnell; zudem merkt sie sich alles, was sie gelernt hat. Natürlich sind nicht alle Katzen gleich schnell und gleich intelligent, aber eine kluge Hauskatze löst ihre Probleme bestimmt so schnell wie ein Äffchen oder sogar ein Menschenaffe, wenn sie sich von der Lösung etwas verspricht.

Entdecken und Lernen durch Ausprobieren sind für das Kätzchen unerläßlich. Doch sobald es anfängt, größere Ausflüge zu unternehmen, braucht es Schutzimpfungen. In den ersten Monaten war es durch natürliche Antikörper im Blut geschützt. Aber die Immunität, die es von der Mutter mitbekommen hat, verliert es mit etwa drei Monaten.

Es sollte gegen Panleukopenie oder Laryngoenteritis, eine Entzündung des Rachenraumes und des Magen-Darm-Kanals, sowie gegen den Virusschnupfen, Feline Pneumonitis, geimpft werden. Die Impfung wird von den jungen Katzen gut vertragen. Die meisten erwachsenen Katzen überstehen diese Krankheiten auch unbehandelt, aber selbst ohne Symptome können sie die Infektion weiter übertragen und so nicht nur für andere Katzen, sondern auch für den eigenen Nachwuchs gefährlich sein. Auch indirekt können sie zum Tode führen, denn eine Katze ist auf Geschmack und Geruch angewiesen. Mit einer Erkältung oder einem Schnupfen aber kann sie weder schmecken noch riechen. In diesem Zustand frißt sie nicht und muß verhungern.

Tagebuch · Drei Monate alt

Während einer sommerlichen Hitzewelle fand ich heraus, daß die Kätzchen sich in der Sonne nicht wohl fühlten. Sie scheinen unter Hitze mehr zu leiden als Hunde.

Kletterkünste

Tagebuch · Vier Monate alt

Katzen sind geborene Kletterer, können aber viel leichter auf einen Baum hinaufgelangen als wieder herunter. Von unseren Kätzchen taten sich einige leichter, andere schwerer beim Absteigen. Der arme Felix saß immer wieder am Ende der Leiter oder in der Spitze des Apfelbaums fest und jammerte, weil er nicht herunter konnte. Ginger dagegen war ein Kletterartist, der schon bald alle Bäume in- und auswendig kannte.

Katzen mögen einen hochgelegenen Standort. Das ist auch eine Frage des Prestiges. Wie eine Katze ihre Unterwerfung einem Stärkeren gegenüber durch gebückte Haltung anzeigt, so demonstriert sie ihre Überlegenheit dadurch, daß sie sich über andere stellt. Sie schaut gern auf Schwächere herunter. Wenn eine Hauskatze oben auf dem Schrank thront und so den ganzen Raum samt den Menschen darin unter Kontrolle hat, zeigt sie sich in der Position der Stärke. Dann sind ihr auch die Menschen unterstellt.

Alle Katzen können mehr oder weniger geschickt klettern. Sogar ein Löwe läßt sich gelegentlich auf einem niedrigen Baum nieder, wenn die Äste stark genug sind, sein Gewicht auszuhalten. Bessere Kletterer aber sind die kleineren Katzen. Leoparden schleppen ihre Beute in einen Baum, wo sie ihre Mahlzeit ablegen und in Ruhe und ungestört verzehren können. Der faszinierendste Kletterkünstler aber ist der Ozelot, eine in Südamerika lebende Katzenart, nicht größer als ein Cocker Spaniel.

Auch gewöhnliche Katzen klettern geschickt, der Ozelot aber hat eine geradezu traumwandlerische Sicherheit. In einer Spirale zieht er sich am Baumstamm empor, gleitet von Ast zu Ast, hält sich mit den Hinterbeinen, während er mit den Vorderpfoten etwas festhält oder sogar mit etwas spielt. Dann schwingt er sich weiter und huscht schließlich, den Kopf voraus, den Baum hinunter. So elegant kann die Hauskatze nicht klettern, obwohl sich die beiden in mancher Beziehung gleichen. Sie haben einen ähnlichen Körperbau; aber an Geschmeidigkeit steht die Hauskatze dem Ozelot nach. Warum ist aber der Ozelot soviel geschickter im Klettern?

Krallen und Pfoten

Katze und Ozelot haben unterschiedliche Muskeln, Sehnen und Gelenke, während ihr Knochengerüst fast gleich ist. Der Ozelot kann seine Hinterbeine so weit drehen, daß die Zehen nach hinten zeigen; er verdreht seine Knöchel, bis die Pfoten ganz nach innen oder nach außen gerichtet sind. Mit den Zehen der Hinterpfoten kann er kleine Äste umfassen. All das kann die Hauskatze nicht.

Abgesehen von den Geparden können alle Katzen ihre vorderen Krallen einziehen, wenn sie sich ausruhen. Im ausgefahrenen Zustand sind die Krallen länger und schärfer, aber nicht so stark. Beim Klettern kann die Katze das Gewicht auf die hinteren Krallen legen, während sie sich mit den vorderen hochzieht. So ist es nicht schwer für sie, einen Baumstamm hinaufzuklettern, auch wenn sie geradewegs und nicht spiralförmig hochsteigt. Schwierig wird es beim Herunterklettern. Der Ozelot kann dann die Hinterpfoten verdrehen und die umgekehrten Krallen in den Stamm schlagen. Dann hält er sich mit den vorderen Krallen so lange, bis die hinteren neuen Halt gefunden haben. So kann er mit dem Kopf voraus absteigen.

Die Hauskatze aber kann ihre Hinterbeine nicht verdrehen und würde, wenn sie sich nur mit den vorderen Krallen hielte, das Übergewicht bekommen, einen Purzelbaum schlagen und abstürzen. Ist der Boden unten einigermaßen glatt, passiert ihr nichts, aber eben das weiß sie nicht, und Katzen haben Angst vorm Fallen. Katzen

Gegenüberliegende Seite *Moritz klettert zwischen schmalen Stämmen herum und zeigt, wie geschmeidig sein Körper ist.*

Unten *Ginger klettert ohne Schwierigkeiten auf den Apfelbaum und hüpft* (Mitte) *behend in den Ästen herum. Solange er das Gewicht auf die Hinterbeine legen und sich mit den Krallen festhalten kann, fühlt er sich sicher.* Rechts oben *Der Abstieg aber ist ein viel komplizierteres Geschäft. Mit dem Schwanz zuerst hangelt er sich mit ruckartigen Bewegungen abwärts, klammert sich mit den vorderen Krallen fest und versucht mit den hinteren Halt zu finden.* Rechts unten *Der Abstieg endet mit einem Sprung, aber dazu muß er sich umdrehen und sich mit den Hinterbeinen abstoßen, bevor er die Kontrolle über sich verliert.*

können Entfernungen gut einschätzen, und von einem hohen Baum herunter ist der Boden erschreckend weit weg. Die einzige Möglichkeit für eine Katze besteht darin, rückwärts, also mit dem Schwanz zuerst den Absteig zu wagen und sich mit allen Krallen festzuhalten, wobei sie natürlich nicht sieht, wohin sie tritt. Daher muß sie sich den Halt für ihre Zehen ertasten und mit gelegentlichen Blicken über die Schulter feststellen, wie weit sie schon gekommen ist (das sieht man bei Ginger auf Seite 65 rechts oben sehr schön).

Stufen, Tritte oder Leitern sind kein so großes Problem, denn die Katze kann das Körpergewicht zwischen den einzelnen Tritten oder

Felix sitzt wie angenagelt oben auf der Leiter, Sylvester aber hat schon gelernt, sein Gewicht auf die Sprossen zu legen und klettert mit dem Kopf zuerst hinunter. Vergleiche dieses Bild mit dem Foto auf Seite 95.

Sprossen auf die Hinterbeine legen, doch der Abstieg von einem Baum oder Pfahl geht oft ziemlich langsam, unbeholfen und nicht sehr elegant vor sich.

Die Katze hat unter Umständen beim Abstieg auch die Möglichkeit, von Ast zu Ast zu hüpfen. Katzen können gut springen, aber nur wenn ihr Ziel fest und stabil ist. Auf den großen Hauptästen fühlt sie sich ziemlich sicher, nicht aber auf den dünnen, schwachen Zweigen.

Nicht alle Katzen lernen das Abwärtsklettern gleich schnell, manche sind furchtsamer, andere geschickter, vielleicht weil ihre Hinterbeine beweglicher sind und ihnen einen sicheren Tritt ermöglichen. Viele Katzen haben gar keinen Mut zum Klettern, wenn sie nicht auf einen Baum gejagt werden.

Eine Katze, die auf einem Baum oder einem Dach sitzt, sich nicht hinuntertraut und vor Angst jault, ist keine Seltenheit. Auch wenn niemand die Feuerwehr oder den Tierschutzverein alarmiert, kommen die meisten ganz allein wieder herunter. Der Hunger ist schließlich größer als die Angst, und meistens passiert ihnen nichts.

Gelenkigkeit und Gleichgewicht

Eine Katze hat vielleicht Schwierigkeiten, einen Baum herunterzuklettern, aber sie kann völlig sicher auf einem Ast spazieren oder oben auf einer noch so schmalen Mauer balancieren. Ihr Gleichgewichtssinn ist phantastisch.

Bevor unsere Ohren zum Hören benutzt wurden, waren sie Gleichgewichtsorgane, bestehend aus lauter winzigen Knochen. Katzen haben ein ausgeprägtes Gleichgewichtsgefühl, das wie bei den Menschen vom Ohr aus gesteuert wird, und sie scheinen keinen Schwindel zu kennen. Nun ist es aber eine Sache, die Balance zu halten, und eine andere, nicht runterzufallen.

Die Katze setzt ihren Schwanz ein, wenn sie Balance halten will, genauso wie der Seiltänzer seine Balancierstange. Aber das ist noch nicht das ganze Geheimnis. Der Schwanz nützt ihr nämlich nur, wenn sie schnell die Richtung ändern will und ihr Gewicht auf eine Seite verlagern muß. Viel wichtiger ist das Skelett.

Es hat dreißig Wirbel, fünf mehr als das des Menschen, und die Rückenmuskeln sind so stark, daß die Wirbelsäule viel weiter gestreckt und zusammengezogen werden kann als die menschliche. Sie kann zu einem Halbkreis gebogen werden, wobei sich die beiden Hälften fast gegenüberstehen. Die Schulterblätter sind auf der Brustseite, nicht auf dem Rücken. Die Schlüsselbeine stellen nur noch Verbindungsstücke zwischen Brustknochen und Schulterblatt dar. Die Brust selbst ist stärker gerundet als die des Menschen.

Ihre biegsame Wirbelsäule macht es der Katze möglich, sich um Hindernisse herumzuwinden und beim Putzen an fast jede Stelle ihres Körpers zu gelangen. Dank der Beschaffenheit der Schultern hat sie mehr Bewegungsfreiheit in den Vorderbeinen und kann lange Schritte machen. Mühelos bringt sie ihre Vorderbeine ganz unter den Körper und kann deshalb so sicher auf schmalen Mauern oder Zäunen entlanggehen, ohne abzustürzen.

Freund oder Feind?

Tagebuch · Fünf Monate alt

Es war wieder einmal der Höhepunkt der »Kätzchen-Saison«, und wie jeden Sommer suchte eine ganze Prozession von kleinen Katzenwaisen bei uns Zuflucht. Zum Glück blieben die meisten nicht lang; viele nette Leute wissen, daß wir uns um herrenlose Kätzchen kümmern.

Bis sie zehn Wochen alt sind, zeigen sich die meisten jungen Katzen friedlich und freundlich gegenüber Artgenossen. Mit zwölf Wochen werden sie allmählich mißtrauisch gegen Fremde. Je älter sie sind, desto schwerer fällt es ihnen, Freundschaft zu schließen. Bei erwachsenen Katzen dauert es oft wochenlang; wenn sie als junge Katzen lange allein waren, schließen sie sich später meist überhaupt nicht mehr an andere Katzen an. Samanthas Junge sind jetzt fünf Monate alt und an Bekanntschaften nicht interessiert, nicht einmal mit kleineren Kätzchen.

Der acht Wochen alte Whisky geht schnurstracks auf Moritz zu und gibt mit dem Schwanz ein freundliches Signal. Er schnuppert an der Nase des Größeren und sieht ihm mißtrauisch ins Gesicht; dann zieht er sich mit herunterhängendem Schwanz und halbgeschlossenen Augen zurück.

Auch Sylvester ist höchst unfreundlich mit Whisky und gibt ihm zu verstehen, daß er hier nicht willkommen ist. Whisky zeigt sein Unbehagen, indem er es vermeidet, Sylvester in die Augen zu schauen.

Felix verstärkt den unfreundlichen Eindruck noch durch Zähnezeigen und Zischen. Sonst geschieht nichts. Whisky vermeidet auch hier den Augenkontakt und bereitet den Rückzug vor. Ein paar Tage später aber kannten sich die Kätzchen und spielten vergnügt miteinander.

Die Kätzchen mit sechs Monaten

Mit fast sechs Monaten sind sie nun schon junge Katzen und können recht gut zurechtkommen, wenn man sie nicht ganz sich selbst überläßt. Von uns brauchen sie immer noch Schutz, medizinische Betreuung und den Großteil ihrer Nahrung. Katzen können natürlich in der Wildnis auch ohne die Fürsorge durch den Menschen existieren, aber ihr Leben ist dann hart und meist nicht allzu lang. Die meisten Hauskatzen, die ausreißen, kommen durch Hunger, Krankheit oder Kälte um.

Jane sorgte dafür, daß keines unserer Kätzchen dieses Schicksal traf. Casimir hat schon ein neues Zuhause gefunden.

Die Bilder von Sylvester und Joscha zeigen, daß die Geschlechtsorgane gut entwickelt sind, aber die beiden sind noch nicht geschlechtsreif. Kater sind im allgemeinen fortpflanzungsfähig, wenn sie ungefähr 47 Wochen alt sind. Moritz scheint weniger gut entwickelt zu sein; er hat nur einen Hoden. Alle kleinen Kater müssen jetzt kastriert werden. Bei den meisten ist das ein harmloser Eingriff, nur bei Moritz ist es etwas komplizierter.

Moritz

Sylvester

Felix
Ginger
Minka
Joscha

Rechte und Ansprüche

Tagebuch · Acht Monate alt

Jede Katze hatte genau festgelegte Plätze im heimatlichen Revier, an denen sie jedes Mal, wenn sie vorbeikam, bestimmte Handlungen ausführte. An irgendeinem Ast wurden beispielsweise Krallen gewetzt. Wenn man die Kätzchen bei bestimmten Tätigkeiten beobachten wollte, mußte man sie nur zu den entsprechenden Plätzen bringen.

Gegenüberliegende Seite *Moritz wetzt seine Krallen. Er schabt die schützende Hornschicht ab und entblößt so die scharfen Spitzen. Gleichzeitig plaziert er eine Duftmarke auf dem Ast. Krallenwetzen ist für Katzen eine angenehme Beschäftigung und eine ähnliche Bewegung wie das Milchtreten. Tiere, die viel auf dem Pflaster oder auf hartem Boden gehen, treten sich die Krallen von selbst ab. Bei Katzen, die die meiste Zeit im Haus sind, müssen die Krallen gelegentlich geschnitten werden, am besten mit einer normalen Nagelschere; man darf dabei nicht ins empfindliche Fleisch schneiden, das aber gut zu erkennen ist. Am besten legt man Katzen, die vorwiegend im Haus sind, zum Krallenwetzen ein Holz hin, das auf einem Stück Teppich befestigt ist.*

Es gibt Tiere, die ein bestimmtes Territorium beanspruchen und gegen jeden Eindringling verteidigen. Viele Vögel sind Revierinhaber, und der Preis für solche Exklusivität des Lebensraums ist ständige Wachsamkeit. Sie wenden viel Zeit darauf, die Grenzen ihres Territoriums zu inspizieren und ihre Anwesenheit durch Singen kundzutun. Das ist kein leichtes Geschäft. Katzen arbeiten nicht gern und sind deshalb auch keine Revierinhaber im strengen Sinn.

Eine Katze hat zwar ein Territorium, in dem sie jagt und das sie unter Umständen auch mit andern Katzen teilt. Vor allem weibliche Katzen haben oft Reviere, die sich überschneiden. Die Territorien der Kater sind größer als die der Katzen; Kater nehmen keinerlei Rücksicht auf die Reviergrenzen der Katzendamen. Deshalb muß in einem bestimmten Gebiet eine Maus vor einer oder mehreren Katzen und mindestens einem Kater auf der Hut sein.

Im Herzen ihres Territoriums hat jede Katze ein bestimmtes Plätzchen, das so etwas wie ein Unterschlupf ist, der Platz, an dem sie sich ganz sicher fühlt. Hier findet sie Schutz, kann ungestört schlafen, friedlich ihre Beute verzehren, und hier kommen bei freilebenden Katzen auch die Jungen zur Welt. Eine Katze verteidigt diesen Platz, aber nie das ganze Territorium. Doch nur selten kommt es zum Kampf. Wenn der Eindringling nicht wesentlich jünger, stärker, gesünder und wirklich fest entschlossen ist, den Inhaber dieses Plätzchens zu vertreiben, verzieht er sich im allgemeinen wieder.

Für Hauskatzen ist die Wohnung und manchmal ein Stück der Umgebung das Zuhause, doch wenn sie auf Futtersuche sind, kommen sie viel weiter herum. Im dicht besiedelten Europa mißt das Durchschnittsrevier einer Katze auf dem Land acht bis zehn Hektar, in manchen Teilen Nordamerikas aber ist es bis zu zehnmal größer.

Das Territorium eines Katers ist wesentlich ausgedehnter als das einer Katze. In der Stadt hängt die Größe auch davon ab, wieviel Nahrung die Katze von den Menschen bekommt. Je weniger sie gezwungen ist zu jagen, desto kleiner ist das Territorium.

Nachrichtensysteme

Wir stellen uns ein Territorium als ein bestimmtes Gebiet vor, dabei wäre es richtiger, von einem »Nachrichtensystem« zu sprechen. Wie die meisten Tiere geht auch die Katze bei ihren Verrichtungen nach einem festgelegten Plan vor. Sobald ihr etwas zur Gewohnheit geworden ist, verliert sie keine Zeit mit Umwegen und bringt sich nicht in Schwierigkeiten, indem sie auf unbekannten Pfaden wandelt.

Sie patrouilliert weder an den Grenzen des Territoriums noch verteidigt sie ihre Jagdgründe, aber sie zeigt andern Katzen ihre Anwesenheit an. Überall an ihren Wegen gibt es Zeichen und Markierungen, von denen wir nichts merken, die aber einer anderen Katze auffallen oder die in Katzenkreisen seit undenklichen Zeiten als eine Art Briefkasten oder Nachrichtenbörse benutzt werden. Jedes Mal, wenn eine Katze an einem solchen markanten Punkt vorbeikommt, prüft sie, ob andere Katzen hier gegangen sind, und dann läßt sie selbst eine Nachricht zurück.

Die Nachricht besteht aus Duftmarken, für die der Katze bestimmte

Drüsen zur Verfügung stehen und die sie auf verschiedene Weise setzen kann. Kratzen oder Krallenwetzen hinterläßt den Geruch der Pfoten; wenn ihr also ein bestimmter Nachrichten-Umschlagplatz zusagt und die Krallen gerade gewetzt werden müssen oder sie sich entspannt fühlt, kratzt sie ein bißchen. Vielleicht reibt sie auch ihr Gesicht an einem Stein, einem Baumstumpf oder einem Zaunpfahl (Seite 107) und hinterläßt dabei Duftstoff aus den Drüsen im Gesicht. Sie kann aber auch Urin verspritzen.

Kater spritzen öfter als Katzen, die dieses Markierungsmittel seltener einsetzen. Der Geruch ist besonders intensiv und anhaltender als die anderen Duftmarken, so als ob einer eine Wand mit Ölfarbe bemalt anstatt mit Kreide. Zwar wird dabei Urin verspritzt, aber der Vorgang hat nichts mit dem normalen Wasserlassen zu tun, und wahrscheinlich handelt es sich gar nicht um gewöhnlichen Urin. Die Katze steht dabei aufrecht, und der Strahl geht horizontal. Beim Wasserlassen aber hockt sie sich hin und spritzt nach unten. Zum Markensetzen braucht sie nur eine winzige Menge, und der Urin muß entweder besonders konzentriert oder mit Sekret aus den Drüsen in der Analgegend versetzt sein.

Wenn eine Katze zu einem so markierten Platz kommt, antwortet

Moritz beißt in einen Brombeerast und reibt dann Schnauze und Gesicht daran. Damit setzt er auf eine nur noch schwache Duftmarke einer anderen Katze seine eigene Duftspur.

sie durch «Flehmen«. Sie berührt den bespritzten Fleck mit der Nase, legt die Ohren zurück, macht Leckbewegungen und streckt dann mit halb geöffnetem Maul den Kopf vor. Die Oberlippe wird zurückgezogen, der Atem geht langsam. In einem vom Gaumen abgehenden Gang hat die Katze das sogenannte »Jacobson-Organ«, das sehr empfindlich auf chemische Duftstoffe reagiert, die von der Zunge aufgefangen und dann an die Organöffnung gebracht werden. Dieses Organ ist besonders ausgeprägt bei Reptilien – man kennt ja das Züngeln der Schlange, mit dem sie gasförmige Moleküle aufnimmt und zu ihrem »Jacobson-Organ« transportiert; aber auch viele Säugetiere verfügen darüber.

Bei manchen Tieren sind das Spritzen und das dadurch ausgelöste «Flehmen« eine Form der sexuellen Kommunikation. Vielleicht ist das bei Katzen genauso. Auf jeden Fall wird durch Spritzen angezeigt, daß hier eine Katze vorbeigegangen ist. Ist die Duftmarke noch frisch und stark, bleibt es dabei, andernfalls wird sie neu gesetzt.

Gelegentlich hinterlassen Katzen ihren Kot als Duftmarken. Auch andere Säugetiere, z. B. Tiger tun das, aber bei den Hauskatzen hat es eine bestimmte Bedeutung. Nur starke Kater verfahren auf diese Weise und hinterlassen solche Spuren an einem besonders exponier-

Sylvester steht beim Spritzen mit vibrierendem Schwanz aufrecht. Ganz perfekt beherrscht er die Technik des Spritzens noch nicht.

Joscha und Ginger treffen sich zwischen Farnen und begrüßen sich mit einem kurzen Schnuppern zur Bestätigung ihrer Bekanntschaft.

Tagebuch · Acht Monate alt

Die jungen Katzen durchstreiften den Garten und die angrenzende Wald- und Heidelandschaft allein oder zu zweit. Der herbstliche Wald bot mit jungen Mäusen und Vögeln ein ideales Jagdrevier, auch wenn unsere Katzen zum Lebensunterhalt nicht auf Beute angewiesen sind.

Nachdem sie minutenlang an ein Paar Grashalmen den Duft eines Fremden geprüft hat, fängt Minka an zu »flehmen«.

ten Platz, etwa bei einer umstrittenen Territoriumsgrenze. Obwohl sie ihre Territorien nicht wirklich verteidigen, hat doch ein Kater ein uneingeschränktes Recht auf seine Weibchen. Und da ist ein Rivale gewiß nicht willkommen.

Wenn man einen wildlebenden Kater durch sein Territorium schreiten und dabei immer wieder schnuppern und schnüffeln sieht, kann man die Bedeutung solcher Duftmarken ermessen; sie sind für ihn duftgewordene Nachrichten. Aber auch für Hauskatzen haben Düfte einen besonderen Stellenwert.

Wenn die Katze das Gesicht an Ihren Beinen reibt, werden Sie damit nicht nur begrüßt, sondern auch markiert. Sie tragen jetzt ihren Duft, gehören also zu ihrer sozialen Gruppe, sind kein Fremder. Falls Sie das Katzenkissen waschen oder einen frischen Schlafplatz einrichten, legt sie sich nicht eher darauf, bis sie es mit ihrem Körpergeruch »behandelt« hat. Erst mit ihrer Duftmarke nimmt sie den Platz in Besitz.

Wenn Sie Ihre Katze gestreichelt oder mit ihr gespielt haben, putzt sich die Katze anschließend. Auch Sie hinterlassen nämlich auf der Katze durch die Berührung einen Duft. Indem sie ihr Fell gründlich säubert, mildert sie diesen Geruch, verstärkt den eigenen Duft und betreibt zugleich Körperpflege.

Leben aus der Natur

Katzen sind hochspezialisierte Fleischfresser. Sie leben von der Jagd. In ihren Bewegungen liegt Kraft, aber zugleich auch Grazie und Schönheit. Sorgfältig planen sie ihre Aktion und schleichen sich langsam an, um dann zuzuschlagen. Was man über ihre Art zu leben weiß, hat vielen Märchen und Mythen über Katzen Nahrung gegeben. Die meisten Leute glauben, Katzen würden als Jäger geboren, da die Natur sie mit allen dazu notwendigen Waffen ausgestattet hat. Aber bevor sie erfolgreich auf Beutezug gehen, müssen sie eine Menge lernen. Verbreitet ist auch die Ansicht, Katzen seien unsoziale Einzelgänger, weil Hauskatzen ihre Nahrung nicht gern mit einer anderen Katze teilen. Doch das stimmt nicht.

Für wildlebende Katzen beginnt das Lernen und Sammeln von Erfahrungen praktisch gleich, nachdem sie entwöhnt sind. Ihre erste feste Nahrung ist ein Beutetier, das die Mutter gefangen und tot angeschleppt hat. Wenn sie erst wissen, was man alles fressen kann, bringt ihnen die Katzenmutter lebende Beute und tötet das Tier vor ihren Augen. Später dann nimmt sie die Jungen auf ihre Jagdausflüge mit, damit sie sie bei der Arbeit beobachten können. Sie versuchen,

Frühmorgens im Herbst kommt Joscha von einem Routinestreifzug zurück, bleibt stehen und sieht sich um. Ein schwacher Laut weckt seine Aufmerksamkeit.

die Aktionen der Mutter nachzumachen. Anfangs sind sie noch ungeschickt, bekommen aber bald die nötige Sicherheit. Bei den ersten Versuchen halten sie sich an die üblichen Jagdmethoden. Aber irgendwann einmal wollen sie auch auf andere Weise ihr Glück versuchen und packen z. B. eine Maus nicht im Nacken, sondern an den Flanken, und dann wirbelt die Maus herum und beißt sie in die Nase. So lernen sie, daß die bewährte Methode ihren Sinn hat.

Eine Katze, die das Jagen nicht von Kindheit an übt, kann zwar auch das Mäusefangen lernen, aber aus ihr wird nie ein erfolgreicher Jäger. Sicher, der Jagdinstinkt steckt in ihr, und die Aussicht auf Beute ist eine Verlockung für sie, aber das Handwerk des Jägers muß erst einmal gelernt und eingeübt werden.

Die Jagdtechnik

Wenn die Katze auf den gewohnten Wegen durch ihr Territorium streift, ist sie ständig auf der Lauer. Das Knistern eines Blattes läßt sie erstarren, das kleinste Lüftchen wird schnuppernd untersucht. Sobald sie ein jagbares Tier sieht oder hört, pirscht sie sich langsam an. Wenn die Sicht über einen Teil des Territoriums frei ist, weil etwa ein Feld abgeerntet ist, kann man beobachten, wie sie langsam und bedächtig auf unsichtbaren Pfaden patrouilliert.

Hauskatzen jagen normalerweise allein und fressen selbst, was sie sich erlegt haben. Aber es gibt auch Ausnahmen. Gelegentlich jagen zwei oder drei Katzen gemeinsam und teilen dann die Beute. Vielleicht geschieht diese Art der Zusammenarbeit nicht bewußt, aber man hat sogar Katzen beobachtet, die in einer Art Formation auf einem Feld jagten; wenn ein Beutetier der einen auswich, geriet es unweigerlich in die Krallen der anderen. Im allgemeinen aber erweist es sich als nützlicher, daß Katzen allein jagen, weil die Beute klein und wachsam ist. Eine Katze braucht keine Hilfe beim Mäusefangen, und zu teilen gibt es da auch nicht viel. Die Jagdtechnik hängt in erster Linie von der Beute ab, nicht von den sozialen Gewohnheiten der Katze. Daß sie allein auf die Jagd geht, bedeutet übrigens nicht, daß sie überhaupt ein Einzelgänger ist.

Natürlich nimmt die jagende Katze jede Gelegenheit wahr, aber ihre Beute macht sie meist nicht in freier Wildbahn. Sie sucht nicht die Tiere, sondern ihre Höhlen oder Nester. Sie beobachtet die Eingänge und die Spuren, die zu ihnen führen, achtet auf den Kot und auf plattgetretene Stellen, wo die Beutetiere Körner oder Beeren verzehrt haben. Hat sie so einen Platz entdeckt, setzt sich die Katze hin und wartet. Wenn sie so vor einem Mauseloch sitzt, scheint sie fast zu schlafen. Sie sieht vor sich hin und sitzt reglos. Ihre Sehfähigkeit, auch noch an den Rändern ihres Gesichtsfeldes, läßt sie die kleinste Bewegung wahrnehmen. Und auf diese Bewegung wartet sie. Sobald die Maus dann erscheint, schlägt die Katze zu.

Wenn alles gut geht, ist der Schlag tödlich; dazu kommt ein Biß, mit dem die Wirbelsäule zwischen zwei Nackenwirbeln durchgetrennt wird. Von Grausamkeit keine Spur: Die Maus hat keine Schmerzen und nicht einmal Zeit, sich zu fürchten. Ihr Tod ist notwendig, denn die Katze tötet sie ja, um zu fressen.

Tagebuch · Acht Monate alt

Nicht alle sechs Katzen gingen mit gleicher Begeisterung jagen. Vielleicht waren die einen geschickter und die andern einfach nur zu faul und zu gut gefüttert. Moritz war der größte Jäger. Er stürzte sich auf alles, was sich bewegte: Fliegen, die sich gerade sonnten, Schmetterlinge, die an Blumenkelchen nippten, Grashüpfer, Maikäfer, Mäuse. Auch Minka war sehr eifrig und aktiv. Ginger wollte seine Ruhe haben, blieb meistens zu Hause und lag am liebsten in der Sonne.

Rechts oben *Herumstreifende Katzen haben keine allzu gute Sicht, weil die meisten Pflanzen höher sind als sie. Moritz richtet sich deshalb auf, damit er über dem hohen Gras Ausschau halten kann.* Rechts unten *Wenn sich die Katze anpirscht, sind ihre Bewegungen langsam, vorsichtig und so unauffällig wie möglich. Falls es irgendeine Möglichkeit der Deckung gäbe, würde Moritz sie nutzen.* Gegenüberliegende Seite *Die Maus ist schon tot, aber Moritz spielt noch mit ihr, wie er früher mit der Beute gespielt hat, die Samantha angeschleppt hatte, als er noch ein Kätzchen war.*

Katzen mögen Kälte und Nässe nicht, und Schnee bringt sie völlig zur Verzweiflung. Moritz weiß, daß er friert, wenn sein Fell naß wird; er verliert dann an Körperwärme. Das Fell ist sein einziger Wetterschutz, und er muß es unter allen Umständen trocken halten. Deshalb sucht er in demselben Holzstoß Unterschlupf, den er im Sommer als kühles Plätzchen geschätzt hat (Seite 61).

Die Jagd beschränkt sich fast ausschließlich auf Mäuse und Vögel; doch es gibt auch andere Beute. Katzen töten – vielleicht aus Versehen – auch Spitzmäuse, die sie aber meist nicht fressen. Tun sie es doch, speien sie sie oft schnell wieder aus, weil Spitzmäuse wahrscheinlich ein Gift ausscheiden, das sie ungenießbar macht. Katzen jagen auch junge oder kranke Kaninchen; gegen gesunde ausgewachsene Exemplare haben sie allerdings kaum eine Chance. Mutige Katzen wagen sich sogar an Ratten und Eichhörnchen und auch an Wiesel und Hermeline. Andere fressen Insekten, manche mit Vorliebe Würmer, die ja groß und sehr nahrhaft sein können; doch klammern sich diese häufig am Ausgang ihrer Löcher fest, während sie draußen fressen, um sich im Notfall schnell zurückziehen zu können. Auch kleine Reptilien werden von Katzen gejagt; außerdem angeln manche Fische, und wenn sie die richtige Höhle erwischen, nehmen einige sogar mit schlafenden Fledermäusen vorlieb.

Was ihr Verhältnis zu den Katzen angeht, sind einige Vögel die reinsten Verstellungskünstler und Schwindler. Ein kleiner Vogel, der am Boden sitzt, sieht fast wie eine Maus aus. Die Katze wird sich anpirschen, aber sobald sie zustößt und erwartet, daß die Beute entweder bleibt, wo sie ist, oder am Boden davonläuft, erhebt sie sich in die Lüfte. Und der Vogel kann sogar hinter sich sehen, was die weitere Jagd noch erschwert. Manche Katzen lernen, nach oben zu schlagen und den Vogel in dem Augenblick zu treffen, wo er losfliegt. Viele müssen sich aber mit jungen Vögeln begnügen, die aus dem Nest gefallen sind und bei Gefahr nicht davonfliegen können. Vogelfangen ist jedenfalls schwierig, und es macht die Sache nicht leichter, daß manche von ihnen die reinsten Bauchredner sind. Sie stoßen Warnschreie aus, ohne daß die Katze trotz ihres perfekten Gehörs feststellen kann, woher die Laute kommen. Manchmal hört man eine Katze mit den Zähnen knirschen vor Ärger und vor Gier nach einem Vogel, den sie zwar sehen, aber nicht erwischen kann.

Die Waffen

Beim Anpirschen bewegt sich die Katze ganz langsam und sucht so lange wie möglich Deckung. Wenn sie in Reichweite ist, zieht sie die Hinterbeine unter den Körper, wobei ihr die Krallen Halt geben wie die Spikes dem Sprinter. Und wenn sie dann springt, streckt sie den Körper und bringt die Vorderbeine mit einem einzigen gewaltigen Satz nach vorn.

Die Katze streckt im Lauf ihre Vorderbeine ganz aus und zieht sie zurück, kurz bevor die Pfoten den Boden berühren (Seite 98/99). Katzen sind »Zehengänger«, treten also beim Gehen mit den Zehen und nicht wie wir mit den Sohlen auf. So sind sie noch schneller. Dadurch, daß die Katze ihre geschmeidige Wirbelsäule krümmt, um so die Hinterbeine zum nächsten Sprung nach vorn zu bringen, und zugleich mit den Vorderbeinen wegschnellt, ist sie schneller als die meisten Tiere, mit denen sie es alltäglich zu tun hat. Sie kann ihre Höchstgeschwindigkeit nicht lange durchhalten, weil ihre Brusthöhle relativ klein ist und deshalb Herz und Lunge die Muskeln nicht mit allzuviel Sauerstoff versorgen können. Sie ermüdet daher auch schnell.

Wenn die Beute erlegt ist, wird sie mit den Vorderpfoten festgehalten, während sich die Eckzähne zwischen den Nackenwirbeln eingraben und diese durchtrennen. Die Eckzähne sind ziemlich empfindlich gegen Berührung und trotz ihrer Größe nicht besonders stark. Aber sie wirken, wie auch die Schneidezähne, die vorwiegend zur Körperpflege gebraucht werden, als die reinsten Präzisionswerkzeuge. Katzen können nicht kauen. Die Backenzähne sind zu Reißzähnen ausgebildet mit Kanten, die wie Messer schneiden. Mit ihnen können sie die Beute in Stücke zerlegen, die klein genug zum Schlucken sind.

Augen in der Nacht

Tagebuch · Acht Monate alt

Nachdem die Augen unserer Kätzchen ihre endgültige Farbe angenommen hatten, fiel mir auf, daß Gingers Augen manchmal kupferfarben erglühten, während die der andern, besonders der Tabbys, grün oder weiß leuchteten, je nachdem wie der Lichteinfall war.

Oben und gegenüberliegende Seite
Auf manchen Bildern leuchten Gingers Augen wie Opale mit verschiedenfarbigen Sprenkeln darin.

Im Verhältnis zum übrigen Gesicht sind Katzenaugen sehr groß. Nicht zuletzt deshalb finden wir die Tiere so hübsch. Große Augen sind für die nächtliche Jagd erforderlich, fast alle Nachttiere haben sie. Der Grund: Je größer das Auge, desto mehr Licht kann es aufnehmen. Aber es gibt noch weitere Unterschiede.

Tagtiere, einschließlich der Menschen, haben einen Einschnitt, die Fovea, im Zentrum der Netzhaut, durch den das Bild, das das Auge aufnimmt, gesammelt wird. Der Katze und anderen Nachttieren fehlt diese Fovea. Auch ist die Linse im Katzenauge nicht in der Lage, ihre Form zu verändern und das Licht so zu sammeln wie das menschliche Auge. Das bedeutet, daß die Katze weniger scharf sieht als wir; sie erhält ein schärferes Bild von den Rändern ihres Gesichtsfeldes als von der Mitte. Deshalb verbringt sie relativ viel Zeit damit, in die Luft zu starren, was keineswegs so sinnlos ist, wie es aussieht. Unser Gehirn, und wahrscheinlich auch das der Katze, gibt eine Deutung des Gesehenen, und so bekommen wir ein viel schärferes Bild der Dinge, als uns unser Auge eigentlich liefert.

Das Katzenauge kann etwa eineinhalb mal soviel Licht einlassen wie das menschliche Auge, und noch dazu von einem größeren Bereich, d. h. sie hat ein weiteres Gesichtsfeld. Auf der Netzhaut wird das Licht von zwei Arten von Zellen aufgenommen, den Stäbchen und den Zapfen. Die Stäbchen dienen dem Sehen bei schwacher Beleuchtung, die Zapfen bei Licht und zum Farbensehen. Die menschliche Netzhaut hat etwa viermal so viele Stäbchen wie Zapfen. Bei der Katze kommen mehr als zwanzig Stäbchen auf jeden Zapfen, deshalb ist ihre Fähigkeit zum Farbensehen weniger gut, aber was sie sieht, ist etwa fünf mal so hell wie das Bild, das das menschliche Auge unter gleichen Bedingungen aufnehmen kann. In der Dämmerung sieht die Katze wesentlich besser. Natürlich kann auch sie nicht in völliger Dunkelheit sehen, aber sie sieht unter Bedingungen, die wir für völlige Dunkelheit halten.

Leuchtende Augen

Angesichts ihrer hochempfindlichen Augen muß die Katze die Lichtmenge begrenzen, die sie hereinläßt; deshalb ist die Regenbogenhaut im hellen Licht bis auf einen schmalen Spalt geschlossen. Diese vertikale Pupille, die viele Nachttiere – aber nicht die Tagtiere unter den Katzen wie z. B. der Löwe – haben, scheint eine feinere Einstellung zu ermöglichen.

Die Netzhaut des Katzenauges wird zu einem Teil von einer Reflexschicht bedeckt; man nennt diese Gewebeschicht »tapetum lucidum«. Sie reflektiert wie ein Spiegel das einfallende Licht, das nicht absorbiert wird, auf die Retina (Netzhaut). Auf diese Weise trifft ein zusätzlicher Lichtreiz auf die Netzhaut. Nachts ist die Pupille ganz geöffnet. Wenn die Katze sich auf ein plötzliches Geräusch hin umdreht und wenn zu dem Geräusch auch noch ein heller Lichtschein, z. B. von einer Taschenlampe oder von Autoscheinwerfern, kommt, dauert es einen Moment, bis sich die Pupillen zusammenziehen; während dieser Zeit wird das Licht vom »tapetum lucidum« reflektiert. Dann sehen wir die »leuchtenden Augen«.

Mahlzeiten

Tagebuch · Neun Monate alt

Unsere Katzen hatten noch immer gute Manieren. Sie knurrten sich nicht an und rauften auch nicht, wenn sie aus einer Schüssel fraßen. Trotzdem mußte ich sie getrennt füttern, denn ein paar allzu Gierige konnten das Fressen einfach schneller hinunterschlingen als die andern. Ginger wurde ganz schön fett, weil er immer mehr erwischte, als ihm zustand, während Moritz, der viel zu langsam fraß, sichtlich abmagerte. Inzwischen hatten auch Felix und Joscha ein neues Heim gefunden, und so waren nur noch vier von Samanthas Jungen bei uns.

Katzen sind Fleischfresser; wenn sie gesund bleiben sollen, brauchen sie Fleisch, und zwar, im Verhältnis zu ihrer Körpergröße, in beträchtlicher Menge. Ihre Backenzähne sind zum Schneiden, nicht zum Mahlen ausgebildet. Ihre Därme sind kurz, und in ihnen wird mit Hilfe scharfer Säuren Fleisch verdaut, nicht aber rohe Pflanzenkost; allerdings fressen Katzen Gras, um sich mit der nötigen Folsäure zu versorgen, die sie aus ihrer Fleischnahrung nicht bekommen. Sie können auch gekochte Wurzelgemüse und einige andere pflanzliche Produkte wie gekochten Reis, Brot, Kuchen und Kekse verdauen.

Eine wildlebende Katze ernährt sich vorwiegend von kleinen Nagetieren. Wenn es in ihrer Umgebung genug davon gibt und sie ein guter Jäger ist, also ausschließlich von ihnen leben kann, bleibt sie gut genährt und gesund. Bei der Zusammenstellung des Katzenfutters sollte man also wissen, woraus Mäuse bestehen. 70 Prozent des Mausekörpers sind Wasser, 15 Prozent Eiweiß, 10 Prozent Fett und 1 Prozent Kohlehydrate. Der Flüssigkeitsanteil ist wichtig, denn Katzen beziehen einen Großteil der benötigten Flüssigkeit aus ihrer Nahrung. Frisches Fleisch enthält zu etwa 70 Prozent Wasser, frischer Fisch 80 Prozent, Katzenfutter in Konserven rund 75 Prozent.

Eine erwachsene weibliche Katze braucht 200–250 Kalorien pro Tag, ein erwachsener Kater 250–300. Das heranwachsende Kätzchen benötigt im Verhältnis zum Körpergewicht mehr als ein ausge-

1 *Ginger geht mit erhobenem Schwanz zum Napf. Beim Fressen schließt er die Augen. Dann legt er den Schwanz um seinen Körper und läßt sich nieder.*

2 *Sylvester öffnet zwischendurch mal die Augen und schaut sich um; er will sichergehen, daß auch die anderen fressen und ihn nicht stören werden.*

wachsenes Tier. Ein Liter Milch liefert 700 Kalorien, Fleisch oder Fisch 1100–1300 Kalorien pro Kilogramm. Je weniger Fett das Fleisch enthält, desto weniger kalorienreich ist es. Fleisch kann roh oder gekocht verfüttert werden. Natürlich gehen beim Kochen einige Vitamine verloren, deshalb sollte es so schonend wie möglich gegart werden. Zuviel Leber oder Lebertran bewirken einen Überschuß an Vitamin A, der den Gelenken schadet. Die meisten Katzen mögen Milch, einige aber vertragen Kuhmilch nicht; andere wieder können den Milchzucker nicht verdauen.

Normales Konservenfutter ist nicht nur praktisch, sondern deckt auch vollständig den Nahrungsbedarf einer Katze. Aber Dosenfutter enthält nicht genügend Flüssigkeit. Ein Kätzchen, das mit Konserven aufgezogen wird, trinkt zusätzlich Wasser; aber eine alte Katze, die diese Art der Ernährung nicht gewöhnt ist, bekommt unter Umständen nicht genügend Flüssigkeit, weil sie nicht zusätzlich trinkt. Wenn man etwas Salz unter das Futter mischt, veranlaßt das die Katze meist, mehr zu trinken. Natürlich muß frisches sauberes Wasser immer in Reichweite stehen.

Wildlebende Katzen stopfen sich voll, wenn die Gelegenheit günstig ist und ruhen sich dann aus. Hauskatzen sind eine regelmäßige Versorgung gewöhnt und bekommen ihr Fressen einmal oder besser zweimal täglich. Das Fressen muß Zimmertemperatur haben.

3 *Nachdem er den Napf blitzblank geleckt hat, schnüffelt Moritz vorsichtig rundherum, damit auch wirklich kein Krümel verlorengeht. Die meisten Katzen sind reinliche Fresser.*

Körperpflege

Tagebuch · Neun Monate alt

Alle Freßnäpfe waren schließlich sauber ausgeschleckt. Die Katzen wandten sich ab und streckten sich. Mit schnellem Blick wurden auch die Näpfe der andern inspiziert. Doch nirgends war etwas übriggeblieben. Trotzdem mußten sie beschnüffelt und nochmals ausgeleckt werden. Dann ließen sich alle nieder und fingen an, sich zu putzen.

Die Katze verbringt eine Menge Zeit mit der Pflege ihres Fells. Die gegenseitige Fellpflege ist zwar ein Zeichen der Zuneigung, aber die für Katzen so wichtige Reinigungsprozedur muß jede für sich selbst erledigen. Die Katze putzt sich aber auch zur Ablenkung, wenn sie verwirrt oder unentschlossen ist. Katzen pflegen sich und überlegen dabei z. B., wie sie zu einem Schüsselchen Milch kommen können, ohne gefangen zu werden.

Mit dreierlei Werkzeugen besorgen sie ihr Putzgeschäft – mit der Zunge, den Schneidezähnen und den Vorderpfoten, und auch das Fell ist beteiligt. Jedes Haar hat winzige Schuppen, die in die Schuppen des nebenliegenden Haares greifen. Die Haare verlaufen immer in einer Richtung. Wenn sie in Unordnung geraten, genügt eine Bewegung, sie wieder in die richtige Lage zu bringen.

Die rauhe Zunge ist bedeckt mit harten, aber biegsamen Dornen, die nach hinten gerichtet sind. Mit ihr kann die Katze Speisereste entfernen. Auch läßt sich die Zunge praktischerweise als Bürste einsetzen. Die Schneidezähne sind winzig und bestens geeignet, Hautschuppen, verfilzte Haare oder Schmutz zu entfernen. Mit den Pfoten aber bringt die Katze den reinigenden Speichel an die Körperteile, die sie mit der Zunge nicht erreichen kann, z. B. an den Hinterkopf. Da die Katze aber eine so biegsame Wirbelsäule hat, langt sie fast überall hin.

1 *Nach dem Fressen putzt Ginger sein Schnäuzchen und leckt sich sauber, soweit die Zunge reicht. Diese Prozedur erfolgt nach jeder Mahlzeit.*

2 *Sylvester leckt sich gründlich die linke Vorderpfote und reibt sie dann mehrmals übers Gesicht. Anschließend leckt und reibt er im Wechsel.*

Ein Tier, das sich vorwiegend in der Wohnung aufhält, sollte regelmäßig gebürstet werden. Im Freien werden lose Haare beim Vorbeistreifen an Büschen und Gräsern oder vom Wind entfernt, im Haus aber muß das Fell mit der Bürste gereinigt werden. Haare, die nicht an Möbelstücken oder Teppichen hängenbleiben, werden sonst beim Putzen geschluckt. Dann klumpen sich im Magen kleine Haarbällchen zusammen, die die Katze nur durch Erbrechen wieder los wird. Doch können sie auch zu Appetitlosigkeit, Gewichtsverlust und Verdauungsbeschwerden führen. Und sogar die Atemwege werden gelegentlich davon beeinträchtigt.

Katzen, die viel draußen sind, bringen öfters Flöhe mit nach Hause. Katzenflöhe übertragen zwar keine Krankheiten, aber wenn sie kein anderes Opfer finden, nehmen sie auch mit Menschen vorlieb. Sie hüpfen auf ihr Opfer, zapfen sich eine Portion Blut ab und fallen dann herunter. Das bedeutet, daß es in der Umgebung der befallenen Katze mindestens zehnmal so viele Flöhe gibt wie auf dem Tier selbst. So hat es wenig Sinn, die Katze mit einem Insektenmittel zu behandeln. Man muß ihnen auch dort, wo sich die Katze vorwiegend aufhält, zu Leibe rücken und sich unter Umständen auch die Plätze, die sie draußen mit Vorliebe aufsucht, vornehmen. Zum Glück sind Flöhe subtropische Tiere, die in kühlem, feuchtem Klima nicht lange überleben. Bei kaltem Wetter sind sie schnell verschwunden.

3 *Ginger wäscht sich hinter den Ohren. Er fährt mit der abgeleckten Pfote mehrmals vom Ohr übers Auge bis zu den Schnurrhaaren. Dann leckt er die Pfote wieder ab.*

4 *Minka dreht den Kopf um fast 180 Grad; dabei entfernt sie mit den Dornen auf der Zunge abgestorbene Haare und glättet sich sorgfältig das Fell.*

Katzen in Aktion

Katzen sind ausgezeichnete Hoch- und Weitspringer. Sie überspringen Strecken, die dem Mehrfachen ihrer Körperlänge entsprechen, und im Lauf sind sie außerordentlich schnell. Die Phasenfotos zeigen, wie sie ihre Kunststücke vollbringen. Zu solchen Aufnahmen braucht man kompliziertes und schwer zu transportierendes Gerät. Deshalb mußten wir die Katzen dazu bringen, ihre akrobatischen Einlagen an bestimmten Plätzen zu machen. Das Training begann, als, abgesehen vom kleinen Casimir, die Katzen fast erwachsen und ihre Kraft und Behendigkeit voll entwickelt waren. Wir stellten ihnen Hindernisse in den Weg und konfrontierten sie mit Situationen, wie sie im Katzenleben alltäglich sind. Mit ein paar guten Bissen dann und wann brachten wir sie dazu, mit allen möglichen Lebenslagen fertig zu werden. Offenbar gefielen ihnen die Übungen, und Sylvester erwies sich bald als besonders gelehriger Schüler.

Fallen

Katzen sind gewandte Kletterer und fallen nur selten. Wenn sie doch einmal abstürzen, landen sie immer auf den Füßen. Diese Fähigkeit hat zu allen Zeiten Staunen erregt, weil sie die Bewegungsgesetze zu widerlegen scheint, nach denen Aktion und Reaktion sich entsprechen: Die Kraft, die erforderlich ist, einen Gegenstand zu drehen, muß etwas haben, wogegen sie wirken kann. Eine Katze im freien Fall hat aber nichts, woran sie sich stoßen könnte; durch welche Kraft wird sie dann gedreht? Anfangs glaubte man, der Schwanz würde als eine Art Propeller betätigt, der den Luftwiderstand nutze, um den Körper zu drehen, doch diese Bilder zeigen, daß das nicht stimmt. Tatsächlich machen sich Katzen ein anderes Gesetz der Mechanik zunutze, und zwar dasselbe, das z. B. bei Schlittschuhläufern eine Erhöhung der Drehgeschwindigkeit bewirkt, wenn sie bei einer Pirouette die zunächst ausgestreckten Arme an den Körper bringen. Achten Sie darauf, wie der kleine Casimir das Vorderteil mit eingezogenen Pfoten gegen die hintere Körperhälfte mit ausgestreckten Pfoten dreht (Phase 4, Seitenansicht). In Phase 6 macht er genau das Gegenteil. Die Hinterbeine sind angezogen und die Vorderbeine ausgestreckt. Auf diese Weise wird die Bewegung des Vorderteils auf das Hinterteil übertragen, und der ganze Körper dreht sich. Junge Katzen beherrschen diese Fähigkeit schon sehr früh und können sich auf erstaunlich kurze Entfernung drehen. Für diese Bilder hat Casimir geübt, auf ein weiches Kissen zu fallen, und er nahm sich zum Drehen genügend Zeit.

Abspringen
Phase 1 zeigt Sylvester in Duckstellung, er ist buchstäblich auf dem Sprung und hat dabei das Brett, das er erreichen will, ins Auge gefaßt. In Phase 2 streckt sich sein Körper, aber die Hinterbeine liegen noch auf dem Boden auf. Dann streckt er die Hinterbeine, damit ist der ganze Körper in voller Streckung, der Schwanz liegt auf dem Rücken. In dieser Position ist der Schwanz eine Art Kraftreserve, die solange auf dem Rücken bleibt, bis die Vorderpfoten das Bord berühren; erst dann wird er heftig bewegt, um dem Hinterteil einen zusätzlichen Schub zu geben.

Landen
Eine Katze ist mit dem Kopf voraus auf dem Weg nach unten. Beim Aufprall zieht sich der Körper zusammen, die Hinterbeine setzen nahe den Vorderbeinen oder sogar vor ihnen auf, wie das Bild zeigt. Auf diese Weise wird der Schock des Aufpralls nacheinander auf alle vier Füße verteilt und so lange wie möglich hingezogen. Wenn alle vier Beine gleichzeitig den Boden berührten, wäre der Aufprall viel härter.

Absprung von einem Brett
Wenn sie von einem Vorsprung oder Brett herunterspringen soll, bedeutet das für die Katze, daß sie frei durch die Luft fliegt. Sobald auch die Hinterbeine auf dem Sprung sind, helfen nur noch der Schwanz und der Gleichgewichtssinn beim Manövrieren. Am Anfang des Sprungs zieht sie die Vorderpfoten unters Kinn, wenn dann der Boden näherkommt, werden die Vorderbeine ganz ausgestreckt und die Zehen gespreizt. Die Gelenke sind stark durchgebogen, um die Landung weicher zu machen. Die Hinterbeine werden schnell nachgeholt, damit sie ihren Teil des Aufpralls abfangen.

Absprung von einer Mauer
Eine Katze kann beim Absprung von einer Mauer ein Stück weit die Wand benutzen. Sie streckt den Körper mit den Vorderbeinen voraus so weit wie möglich an der Wand nach unten und verkürzt damit den Flug beträchtlich. Hier läßt sich Ginger eine Körperlänge weit hinunter, bevor er sich abstößt, um dann in der nötigen Entfernung von der Wand zu landen. Das Wegschnellen ist notwendig, damit er unten Platz für das Hinterteil hat. Vergleichen Sie diesen Sprung einmal mit dem Abstieg von einer Leiter (Seite 66).

Traben

Wenn ein Vierbeiner trabt, sind immer zwei Füße auf dem Boden. Während das rechte Vorderbein und das linke Hinterbein bewegt werden, berühren die beiden anderen den Boden, und umgekehrt. In Phase 1 sieht man Sylvester mit beiden linken Füßen in der Luft. Er ist gerade im Begriff, das linke Hinterbein aufzusetzen und das rechte Hinterbein zu heben, um es zusammen mit dem linken Vorderbein nach vorn zu bringen. Katzen können nicht wie Hunde über lange Strecken traben. Sylvester demonstriert den Trab auch nur, weil er eine Belohnung erwartet. Der erhobene Schwanz zeigt an, daß er sich darauf freut.

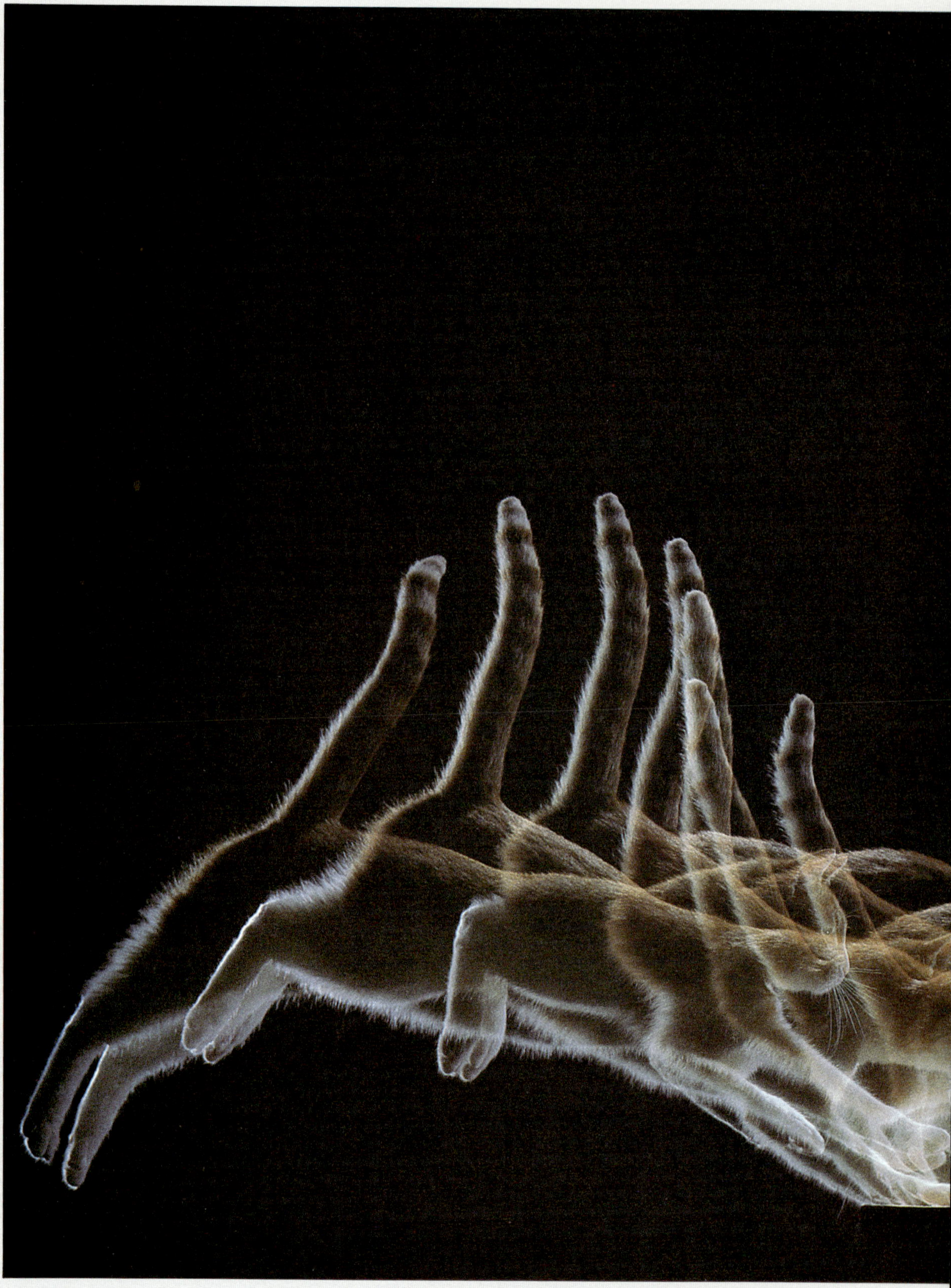

Galoppieren

Ein galoppierender Vierbeiner bewegt sich in Sprüngen fort und hat bei jedem Satz einen Augenblick lang alle vier Beine in der Luft. Das ist die schnellste Art der Fortbewegung auf dem Boden, die aber Katzen nur einsetzen, wenn sie spielen, einer Bedrohung ausweichen wollen oder beim Beutezug. Beim Galoppieren ist der gesamte Körper im Einsatz. Ein Teil der Energie, die dabei aktiviert wird, kommt von den Rückenmuskeln, die die Wirbelsäule während jedes Sprungs biegen und strecken. Hier galoppiert Sylvester mit erhobenem Schwanz. Das zeigt die Spielsituation an. Im Falle einer Gefahr wäre sein Schwanz abgebogen.

Sprung über einen Graben
Eine Katze scheint alle ihre Bewegungen bedachtsam zu planen. Katzen springen nicht einfach drauflos wie Hunde. Wenn ein Loch oder ein Graben übersprungen werden muß, wird zunächst die Weite des Sprungs abgeschätzt und mit den Hinterbeinen festgestellt, ob der Untergrund solide ist. Hier hat der nun schon fast erwachsene Sylvester seine Sprungkraft genau berechnet. Achten Sie einmal darauf, wie der Schwanz eingesetzt wird, um der Katze in der Endphase des Sprungs noch einen zusätzlichen Schub zu geben. Ein Hindernis muß man einfach erst einschätzen lernen, das hat Moritz erfahren, als er übers Wasser springen wollte (Seite 58).

Sprung über ein Hindernis
Katzen sind in allen ihren Bewegungen vorsichtig und rationell. Sie setzen so wenig Kraft wie möglich ein, um an ihr Ziel zu kommen. Hier trifft Sylvester auf ein niedriges Hindernis. Statt hinüberzuklettern, setzt er mit einem wunderbar koordinierten Sprung darüber und landet auf der andern Seite, ohne das Hindernis zu berühren. Bis auf Haaresbreite exakt hat er die dafür nötige Sprungkraft und die Weite des Sprungs eingeschätzt.

Der Kreis schließt sich

Seit der Geburt unserer Kätzchen waren zehn Monate vergangen. Außer Ginger und Minka hatten uns alle verlassen. Und auch die waren nun keine Kätzchen mehr, sondern selbständige Katzen, die sich um ihr Futter kümmerten, ihre Territorien überwachten und für sich selbst sorgen konnten. Bald würde Minka alt genug sein, ein Nest zu bauen und an eigene Kätzchen zu denken.

Mit der Pubertät erwachte allmählich der Geschlechtstrieb, die Produktion von Sexualhormonen setzte ein. Das hatte zur Folge, daß Minka Interesse für die Kater der Umgebung zeigte und deren Zuneigung zu wecken wünschte, noch ehe ihr Körper damit begann, Duftstoffe auszuscheiden, die dann die Kater unwiderstehlich anziehen würden. Dies war die erste Phase des regelmäßigen Zyklus, die sich auch mehrmals wiederholen kann, bevor es zur Deckfähigkeit und danach zur Trächtigkeit kommt.

Minka wälzt und räkelt sich genießerisch in der warmen Frühlingssonne. Mit ihren zehn Monaten fängt sie gerade an, durch Schreie die Kater aus der Nachbarschaft anzulocken und sie mit ihren Düften verrückt zu machen.

Die ersten Rendezvous

Tagebuch · Zehn Monate alt

So wie er im letzten Jahr Samantha beglückt hatte, tauchte Cäsar sofort aus dem Wald auf, als Minka anfing zu rufen. Aber auch andere Freier waren zur Stelle, Mimo von nebenan natürlich und Bastian, ein großer Schwarzer.

Alle weiblichen Säugetiere machen regelmäßig einen Fruchtbarkeitszyklus durch. Er läuft nicht bei allen auf die gleiche Weise ab. Bei den Katzen – wie bei den Menschen – gibt es mehrere Zyklen jährlich, d. h. sie sind öfter als einmal im Jahr zur Befruchtung bereit. Katzen lassen Kater nur während des Zyklus an sich heran. Dieser wiederholt sich nicht monatlich, sondern im Abstand von zwei Wochen. Der wichtigste Unterschied in der Art der Fortpflanzung zwischen Katzen und Menschen besteht darin, daß bei der Frau in jedem Zyklus ein Eisprung stattfindet, das Ei in die Gebärmutter gelangt und, falls keine Befruchtung erfolgt, ausgeschieden wird. Bei der Katze erfolgt der Eisprung erst nach dem Decken. Der Deckakt bewirkt nämlich erst die Ovulation.

So haben sich die Katzen im Laufe der Evolution auf ein Dasein eingestellt, in dem die Geschlechter meist getrennt voneinander leben. Die weibliche Katze kann nie sicher sein, daß gerade ein Kater in Reichweite ist, wenn sie einen Fruchtbarkeitszyklus durchläuft. Deshalb muß bei jedem Deckakt die größtmögliche Chance einer Befruchtung gegeben sein. So stellt die Natur sicher, daß kein Ei vergeudet wird. Da die Katze in einem Zyklus gleich mehrere Male gedeckt werden kann und jedesmal anschließend ein Eisprung stattfindet, ist eine Trächtigkeit viel wahrscheinlicher, als wenn es monatlich nur einen einzigen Eisprung gäbe.

Die rollige Katze

Immer wenn die Katze rollig wird oder ist, legt sie ein bestimmtes Benehmen an den Tag. Sie muß ja einen Kater dann anlocken, wenn ein Eisprung möglich ist, und sie kommt dieser Verpflichtung auf höchst eindringliche Weise nach. Außerhalb der fruchtbaren Phase ist sie nicht zum Geschlechtsverkehr bereit. Diese Phase aber wird eingeleitet durch eine Vorbereitungszeit, die etwa zwei Tage dauert und in der sie immer liebebedürftiger wird. Sie reibt sich an Gegenständen und auch an Menschen, die sie mag. Sie markiert bestimmte Plätze am Boden und reibt das Kinn darüber, dann wieder krümmt sie sich wollüstig, wälzt sich herum oder kriecht mit erhobenem Hinterteil und steil aufgerichtetem Schwanz über den Boden. Schließlich geht das Rufen los. Mit unmißverständlicher Lautstärke (die bei Siamesen geradezu ohrenbetäubend ist) und Ausdauer stößt sie fast zwitschernde Laute aus. Wenn dann der eigentliche Zyklus beginnt, ist sie, zuerst noch etwas widerstrebend, bereit, das Liebeswerben eines ihrer Verehrer zu erhören.

Nach dem Deckakt dauert die Fruchtbarkeitsperiode meist noch weitere zwei bis vier Tage an. Wenn es nicht zum Decken kommt, dauert sie neun oder zehn Tage. Sobald die Katze trächtig ist, signalisiert das Hormonsystem diesen neuen Umstand, und sie schreit nun nicht mehr, bis die Jungen geboren und im Alter von einigen Wochen entwöhnt sind. Dem ersten Zyklus einer jungen Katze geht manchmal ein oder zwei Wochen vorher eine »Schein-Rolligkeit«, wie wir sie bei Samantha beobachtet haben, voraus. Eine ungedeckte Katze hat, zwei Wochen nachdem der letzte Zyklus beendet ist, den nächsten Zyklus.

Sterilisieren oder nicht?

Wenn Sie eine weibliche Katze haben, gibt es für Sie drei Möglichkeiten. Entweder lassen Sie sie von einem netten Kater in der Nachbarschaft decken, wenn Sie dort überhaupt noch potente Katzenmänner finden und wenn Sie wissen, wohin Sie die Kätzchen später geben können. Oder Sie sperren die Katze ein, wenn Sie glauben, Sie halten ihr anhaltendes Liebesgeschrei und ihr verzweifeltes Warten auf einen Partner zweimal im Monat aus. Die dritte Möglichkeit ist die Sterilisation.

Die Entscheidung ist nicht ganz einfach, zumal sterilisierte Katzen trotzdem die erste Phase des Zyklus durchmachen können, wobei es aber meistens nicht zu dem unerträglichen Schreien und Liebeswerben kommt. Die Sterilisation erfordert einen chirurgischen Eingriff in Vollnarkose, bei dem aber nicht sämtliche Fortpflanzungsorgane entfernt werden müssen. Entweder entfernt der Tierarzt die Eierstöcke oder die Eierstöcke samt den Eileitern und der Gebärmutter. Im ersten Fall besteht weiterhin die Möglichkeit einer geringen hormonellen Aktivität auch nach der Operation.

Meistens wird der Schnitt von der Seite aus gemacht, nachdem man ein Stück Haut rasiert hat, auf dem schon ein paar Wochen

Aus irgendeinem Grund wurde Cäsar durch diesen Zaunpfahl in Erregung versetzt, an dem er sein Kinn rieb, sich wälzte und immer wieder mit seinem alten runden Schädel vorbeistrich. Vielleicht war Minka hier vorbeigegangen.

später das Fell nachgewachsen ist. Es gibt aber auch die Möglichkeit, den Schnitt auf dem Bauch zu machen, wo er weniger auffällt. Die Operation dauert nicht lange, ist ein Routineeingriff und praktisch ohne Komplikationen. Wenn er am Morgen gemacht wird, kann man die Katze meist am Nachmittag wieder abholen. Die Wunde wird mit zwei oder drei Stichen genäht, und nach einer Woche werden die Fäden gezogen.

Die Sterilisation ist unwiderruflich, danach kann Ihre Katze nicht mehr trächtig werden. Man muß sich also diesen Schritt wohl überlegen. Es gibt auch für Katzen empfängnisverhütende Mittel. Man setzt sie mancherorts ein, um die Vermehrung herrenloser Katzen in den Städten zu verhindern, wo es nicht darauf ankommt, welche Katzen Junge haben, solange die meisten keine bekommen. Diese Art Empfängnisverhütung ist natürlich zeitlich begrenzt, aber die Wirkung ist nicht zuverlässig, wenn die »Pille« nicht regelmäßig verabreicht wird.

Wird eine sterilisierte Katze faul und fett?
Wenn man die Absonderung von Hormonen, die die sexuelle Aktivität auslösen, verhindert, hört diese natürlich auf. Insofern verhält sich eine sterilisierte Katze anders als eine nicht sterilisierte. Im übrigen aber bleibt sie auch nach der Operation völlig unverändert, hat dieselbe Persönlichkeit, dieselben Vorlieben und Abneigungen. Dick und träge wird sie nicht durch Sterilisation, sondern nur durch Überfüttern.

Gegenüberliegende Seite und links
Hier reibt Cäsar begeistert sein Kinn an einem Zaunpfahl, klettert ein Stück hinauf, umklammert ihn, rollt sich dann daneben auf den Rücken. Vielleicht hat er einen Duft wahrgenommen, der ihn sexuell erregt. So reagieren viele Katzen auf bestimmte Gerüche, z. B. den von Katzenminze. Diese Pflanze stimuliert die Tiere ungeheuer, sie geraten in größere Ekstase als eine rollige Katze. Katzenminze spricht männliche wie weibliche, sterilisierte wie deckfähige Katzen gleichermaßen an.

Konkurrenzkampf

Tagebuch · Zehn Monate alt

Als Cäsar wieder einmal aus dem Wald auftauchte, war sein Sohn verblüfft. Er war lange fort gewesen, und Ginger hatte vergessen, daß er sein Vater und Freund war. Auch Cäsar wußte nichts mehr von seinem Sohn. Wir hatten Ginger kastrieren lassen, deshalb war er an Minka nicht besonders interessiert und damit auch kein Gegenspieler für Cäsar.

Katzen sind eigentlich nicht aggressiv und lassen sich nur selten auf Kämpfe ein. In der Stadt aber, wo Katzen auf kleinerem Raum leben als auf dem Land, kann es zu Konflikten zwischen Katern kommen, die um die Gunst einer Katze wetteifern. Das wohlbekannte Gejaule ist der lautstark ausgetragene Konkurrenzkampf.

Ein Kater jagt in einem Revier, das gleich mehrere Territorien von Katzenweibchen einschließt. Wenn eine Katze rollig ist, hinterläßt sie bestimmte Duftmarken, um den Kater anzulocken, und ihre Schreie weisen ihm dann auch akustisch den Weg. Er kommt und deckt sie; diese Begegnung ist meist friedlich. In der Stadt aber können sich Katzen ihren Wohnort meist nicht aussuchen, sie haben ihr Zuhause, also ihren Platz zum Schlafen und zum Fressen bei den jeweiligen Besitzern. Dieser Platz aber muß innerhalb ihres Territoriums liegen, in dem sie jagen. Die Territorien überschneiden sich, die Reviere von freilebenden Katzen sind oft dieselben wie die der Hauskatzen. Deshalb erscheint auf die Schreie eines brünstigen Weibchens meist nicht nur ein Kater.

Wenn aber zwei Kater aufeinandertreffen, müssen sie unter sich ausmachen, wer die Katze decken darf. Sie fragen nicht etwa die Katzendame um ihre Meinung, obwohl die meist eine bestimmte Vorliebe hat, sondern klären die Rangfolge vielmehr selbst. Zu diesem Zweck müssen sie sich gegenseitig bedrohen, und das fängt immer sehr lautstark an. Die beiden Gegner stellen sich Aug in Aug auf, legen die Ohren zurück und stoßen Schmährufe aus. Das genügt oft schon, weil meistens einer der beiden seinen Wohnsitz in der Nähe hat und sich deshalb sicherer fühlt als der andere, der weiter weg von seinem Zuhause ist und sich ein bißchen wie ein Eindring-

Cäsar zeigt sich überlegen, als er mit Ginger zusammentrifft. Ginger nimmt demütig und nervös eine kriechende Haltung ein, seine Ohren sind seitlich angelegt. Beide knurren.

ling vorkommt. Der Letztere wird also seine Unterwerfung signalisieren und sich kriechend und knurrend zurückziehen.

Falls das nicht passiert, muß die Entscheidung mit den Pfoten ausgetragen werden. Da fließt manchmal sogar Blut oder ein Ohr geht in Fetzen. Aber meistens sehen solche Kämpfe gefährlicher aus und hören sich vor allem dramatischer an, als sie sind. Es geht ja nur darum festzustellen, wer der Stärkere ist, das Ziel ist nicht, den anderen zu verletzen. Wenn ein Kater kastriert wird, bevor er geschlechtsreif geworden ist, schert er sich nie mehr um Rivalen. Er hat keinen Rang in der Katzenhierarchie. Deshalb leben kastrierte Kater meist ein glückliches und beschauliches Leben, sind freundlich und verspielt. Wenn ein Kater vor dem Eingriff schon sexuell aktiv war, kann es sein, daß er sich auch weiterhin für Katzen interessiert.

Oben *Ginger setzt eine drohende Miene auf und jault unaufhörlich.* Links *Wenn ihm Cäsar zu nahe kommt, zieht er sich zurück und reagiert mit einem Geschrei, das Trotz, Wut und Angst bedeutet. Cäsar aber verläßt, nachdem er seine Position behauptet hat, den Ort der Auseinandersetzung mit hin- und herpeitschendem Schwanz. Solche Streitigkeiten werden meist kampflos entschieden.*

Katzenwerbung – Katzenehe

Tagebuch · Elf Monate alt

Als ich wußte, daß bei Minka die Ranzzeit kam, daß sie also rollig wurde, ließ ich sie nicht mehr hinaus, da ich die Verbindung mit Mimo von nebenan für sie ins Auge gefaßt hatte. Der war nämlich ein besonders freundlicher Kater und noch hübsch dazu. An den beiden ersten Tagen lernten sich die beiden durch die Stäbe des Spielkäfigs kennen, in den ich Minka gesperrt hatte.

Wenn Sie möchten, daß Ihre Katzendame Junge bekommt, können Sie sie natürlich auch einfach ihrem Schicksal überlassen, die Natur wird schon das ihre tun. Sie können aber auch wie Jane die Hochzeit arrangieren. Das ist heutzutage, wo es so viele kastrierte Kater gibt, die sicherere Methode.

Katzen müssen sich zuerst kennenlernen. In unserm Fall stattete Mimo Minka den ersten Besuch ab, während sonst meist die Katzen zu den Katern gebracht werden. Kater sind sehr eigen und kaum zu verlocken, in fremder Umgebung ihren Pflichten nachzukommen. Selbst wenn eine Katze all ihre Verführungskünste spielen läßt, kann ein nervöser Kater das Interesse an ihr verlieren.

Ganz egal, was die anderen Kater dazu sagen, die Katze trifft ihre Wahl selbst. Wenn es mehrere Bewerber um ihre Gunst gibt, erhört sie vielleicht sogar einen der »Verlierer«. So kann es durchaus passieren, daß sie mit dem ihr zugedachten Liebhaber nicht einverstanden ist.

Der erste Schritt ist deshalb, festzustellen, wann der Zyklus eintritt und wie lange er dauert. Dann läßt sich ziemlich genau vorhersagen, wann sie das nächste Mal rollig wird. Bringen Sie sie zum Kater, sobald sie anfängt zu rufen und sperren Sie sie in seiner Nähe ein, damit sich die zwei beschnuppern können. Wenn sie schließlich rollig ist, haben sich die beiden schon so sehr aneinander gewöhnt, daß die Begegnung erfolgreich zu werden verspricht.

Die Werbung beginnt mit den Lockschreien, dem Herumwälzen und -reiben der Katze und dem Eintreffen des Katers. Er nähert sich vorsichtig und traut sich so nah an die Angebetete heran, wie diese es zuläßt. Vielleicht läuft sie ein paar Schritte weit weg und schreit dann wieder. Er nähert sich erneut und reibt sich dabei an Gegenständen, die sie berührt hat, während sie weiche, sanft zirpende Töne von sich gibt.

So kann die Werbung stundenlang weitergehen. Er versucht es auch auf anderm Weg, kommt immer dann näher, wenn sie wegschaut, hält dann inne und tut ganz uninteressiert, wenn sie sich ihm zuwendet. Doch sie läßt ihn nicht ganz nahe an sich herankommen. Alle Katzen haben eine Art Aura, in die niemand ungebeten eindringen darf. Wenn er ihr zu nahe kommt, versetzt sie ihm einen Klaps, und er sitzt dann wieder ganz brav da. Was soll er auch machen? Wenn er zudringlich wird, greift sie entweder an oder flieht, und er geht leer aus.

Vielleicht darf er sie aber auch berühren, beschnüffeln und schließlich besteigen, sobald sie in der richtigen Deckposition ist, d. h. sich zusammenrollt, den Schwanz auf eine Seite legt und ihr Hinterteil präsentiert. Es kann eine langwierige Prozedur sein, bis es so weit ist, während der Deckakt selbst dann ganz kurz ist. Er endet mit einem Schrei der Katze, die sich umdreht und den Kater anknurrt. Man weiß nicht, ob sie vor Lust oder vor Schmerz schreit; wahrscheinlich aber tun ihr die Dornen an der Spitze des Kater-Penis weh. Diese Dornen gleichen jenen auf der Zunge der Katzen. Sie werden größer und scheiden mehr Testosteron aus, wenn der Kater auf der Höhe seiner Potenz ist, mit zunehmendem Alter bilden sie sich zurück. Der

Eisprung erfolgt meist am Tag nach dem Deckakt, und wahrscheinlich wird er ausgelöst durch eben diese Dornen.

Werbung und Deckakt werden mehrmals wiederholt, manchmal tagelang. Wenn der Kater erschöpft ist, lockt sich die Katze unter Umständen einen anderen herbei. Da jeder Akt einen Eisprung auslöst, können innerhalb eines Wurfs Kätzchen von verschiedenen Vätern sein.

Natürlich haben Katzen bestimmte Vorlieben, denn sie müssen schließlich dem Partner erlauben, in ihre persönliche Sphäre einzudringen. Das entspricht ganz den Ritualen, die auch wildlebende Katzen bei Werbung und Kopulation an den Tag legen. Durch ihr lautes Rufen und das anschließende Hinhalten des Katers will sie vielleicht weitere Partner anlocken, damit sie die Auswahl hat. Wenn es stimmt, daß die Dornen auf dem Penis des Katers die Ovulation auslösen, führen Deckakte mit Katern in den besten Jahren eher zum Ziel als mit alten Kämpen. In manchen Gegenden fehlt es vielleicht an Gelegenheit zum Liebesspiel; dann wird durch die häufige Wiederholung des Deckakts sichergestellt, daß die Katze auf jeden Fall trächtig wird.

Gleichgeschlechtliche Sexualität gibt es zwischen ganz jungen Katern, sie hört aber auf, sowie rollige Katzen in erreichbarer Nähe sind. Auch zwischen Katzen kommt so etwas vor, wenn kein Kater die rolligen Katzen befriedigt.

Mimo ist Minka zu nahe gekommen, hat also ihre »persönliche Sphäre« verletzt. So gibt sie ihm einen Schlag aufs Ohr, aber einen sanften. Er bleibt, wo er ist.

Gegenüberliegende Seite *Minka ist in Deckposition. Mimo beschnüffelt sie, bevor er sie am Genick packt.* Links *Mimo hält Minka sanft, mit halb geöffnetem Maul beim losen Nackenfell.* Unten *Er bearbeitet sie jetzt mit den Hinterbeinen und veranlaßt sie so, den Hinterleib noch weiter anzuheben.*

Links *Während des Deckens löst die Berührung der Dornen am Kater-Penis bei Minka einen Schrei aus. Der Kater hält sie noch immer im Nakken. Der Deckakt führt zum Eisprung und möglicherweise zur Befruchtung.* Oben *Sofort dreht sich Minka um und zieht sich knurrend von Mimo zurück.* Unten *Der Liebhaber entfernt sich aus der Reichweite ihrer Pfoten.*

Oben *Am Ende der Paarungsszene wälzt sich Minka wollüstig und streckt sich Mimo entgegen, der sie genau beobachtet.*

Links unten *Dann putzen sich die beiden Katzen gründlich, vor allem im Genitalbereich. Zwischendurch wälzt sich Minka müde und zufrieden.*

Unten Mitte *Jetzt sitzen die beiden etwas entfernt voneinander, sie sind völlig entspannt und gestatten sich*

Tagebuch · Der Deckakt

Zwei Tage lang hatten Mimo und Minka mit ihrem Liebesspiel zu tun, alles lief nach dem immer gleichen Schema ab. Minka ließ in dieser Zeit das Fressen stehen und nahm kaum etwas zu sich. Mimo aber, der auch sonst einen herzhaften Appetit hatte, fraß ihre Portion noch mit. Nach drei Tagen war der Akt der Fortpflanzung glücklich beendet, und der Liebhaber ging erschöpft nach Hause. Minka schloß sich wieder ihren Brüdern an und war besonders verspielt. Die Burschen wirkten gegen ihre aufgedrehte Schwester geradezu ernst und behäbig.

eine etwa halbstündige Pause, dabei schauen sie sich gelegentlich an.

Unten rechts *Das Liebesspiel beginnt von vorn, diesmal geht die Initiative von Minka aus. Sie nähert sich ihm und stubst ihn verspielt. Dann fängt sie wieder an, sich zu wälzen, und entfernt sich von ihm Der so eingeleitete Deckakt wird noch viele Male wiederholt. Falls Mimo müde wird, akzeptiert Minka auch einen anderen Partner.*

Der Kreis ist geschlossen

Tagebuch · Zwölf Monate alt

Minkas Junge sollten zehn Tage nach ihrem ersten Geburtstag zur Welt kommen. Am Abend des achten Tages fraß sie noch mit gutem Appetit, ließ kein Zeichen von Ruhelosigkeit erkennen, verwandte keine außergewöhnliche Sorgfalt auf die Körperpflege. Nichts wies auf die bevorstehende Geburt hin.

Aber am Morgen des neunten Tages hörte ich das Miauen eines neugeborenen Kätzchens. Ich sah in ihr Nest – niemand da. Dann wieder das Miauen, schließlich fand ich die junge Familie in einer nackten Ecke hinter dem Schrank. Ein Kätzchen lag ausgestreckt auf dem Fußboden, es schien tot zu sein. Minka lag in einer nassen Lache, zusammengerollt um eine feuchte dunkle Masse. Aber die Masse bewegte sich, also waren ein paar Kätzchen am Leben. Ich zählte vier, und alle waren, wie auch das »tote«, Tabbys.

Ich legte sie in das vorgewärmte Nest; Minka kam schnell herüber und legte sich um sie. In der Wärme waren sie bald trocken. Das fünfte Kätzchen war fast trocken, aber kalt und steif und atmete nicht. Doch der Versuch der Wiederbelebung lohnt sich immer, und ich tauchte das scheinbar leblose Kätzchen bis zu den Ohren in warmes Wasser. Einige Augenblicke später schluckte es und rollte sich zusammen, als ob es weggetragen werden wollte. Bald atmete es wieder.

Ich rubbelte es kräftig und legte es auf eine in ein Tuch gewickelte Flasche mit heißem Wasser. Zehn Minuten später krabbelte es herum, gab Sauggeräusche von sich und fiel von der Flasche herunter. Ich brachte es zu Minka und legte es zu den andern, die jetzt schon alle warm und trocken waren und angefangen hatten zu trinken. Als ich eine Stunde später nachsah, konnte ich nicht mehr feststellen, welches das »tote« Kätzchen gewesen war. Alle waren trocken, alle Tabbys und alle kleine Katzenmädchen.

Fünf Tage später geht es allen fünf Kätzchen gut, sie öffnen gerade die Augen.

Die Röntgenaufnahme zeigt die fünf Katzen-Embryos Minkas.

Minka säugt glücklich ihre fünf Kätzchen, die einen Tag alt sind.

Zusammenfassung

Wir wollen mit einer kurzen, sehr kursorischen Beschreibung der Entwicklung unserer Kätzchen schließen. Sie können nun anhand des Kalendariums den Weg Ihrer eigenen Katzenjungen mit dem der unsern vergleichen; natürlich mit gewissen Einschränkungen. Nicht zwei Katzen sind einander völlig gleich. Wenn ein Kätzchen ein bestimmtes Stadium früher oder später erreicht, so bedeutet das nicht, daß es mehr oder weniger gesund oder normal ist als ein anderes.

Der Anfang

Notizen zur Entwicklung Ihrer eigenen Kätzchen

1. Tag Die Kätzchen werden geboren. Die Geburt dauert zwölf Stunden, der Wurf besteht aus sieben Kätzchen. Alle atmeten schon, bevor die Nabelschnur durchtrennt war, und waren sehr vital. Neugeborene Kätzchen sind blind und taub, finden aber die Zitzen durch Tasten und Riechen und fangen fast augenblicklich an zu trinken. Sie können die eigene Mutter von anderen Katzen unterscheiden.

2. Tag Die Kätzchen schlafen viel und träumen wahrscheinlich auch. Sie trinken oft, und die meisten haben eine Lieblingszitze. Sie fangen mit dem »Milchtreten« an. Auf fremde Gerüche reagieren sie in den ersten vierundzwanzig Stunden mit Zischen. Sie orientieren sich am Geruch und sind hilflos, wenn das Nest gereinigt wird. Falls die Zitzen der Mutter gewaschen werden, finden die Kleinen nur schwer an den gewohnten Platz.

7. Tag Sie haben ihr Geburtsgewicht verdoppelt. Weibliche Kätzchen sind oft schwerer als ihre Brüder. Alle bewegen sich mit Schwimmbewegungen fort und können den Körper noch nicht vom Boden abheben und Schritte machen. Sie tragen den Kopf schon hoch, und die Augen beginnen sich zu öffnen. Ohne die Mutter schlafen sie in einem Knäuel.

4. Woche Die Kätzchen können schon gehen, ohne daß der Bauch auf dem Boden hängt; auch sitzen sie bereits. Die Augen sind offen und blau, die Ohren aufgerichtet. Sie sehen und können Entfernungen einschätzen. Die Milchzähne kommen, zuerst die Schneidezähne, dann die Eckzähne. Die Kätzchen mögen es nicht, wenn man sie voneinander trennt und gehen nicht gern aus dem Nest. Gemeinsam fangen sie an zu spielen, tapsen nach Gegenständen und wollen Dinge zu sich heranziehen. Um diese Zeit bringt die Mutter eventuell den Wurf an einen andern Platz.

Familienleben

5. Woche Die Kätzchen sind jetzt sehr lebendig und verspielt, bleiben aber noch beisammen. Die Mutter will sie ständig im Auge behalten. Sie fangen an, sich und andere zu putzen, können auf den Hinterpfoten balancieren und boxen dabei mit den Vorderpfoten. Sie machen schon einen Buckel, springen herum und starten kleine Scheinattacken. Alles, was sich bewegt, wird gejagt. Trinken wollen alle gleichzeitig, denn das Schnurren des ersten lockt die anderen herbei.

6. Woche Sie jagen sich gegenseitig und können weite Sprünge machen. Alle fressen schon feste Nahrung aus dem Napf der Mutter und benutzen das Katzenklo.

7. Woche Jedes frißt aus dem eigenen Napf. Das Katzenklo wird regelmäßig benutzt, dient aber auch als Spielplatz. Sie begrüßen sich untereinander und die Mutter mit den Schwänzen, mit Nasenkuß oder durch Reiben. Gegenseitig putzen sie sich und achten natürlich auch auf die eigene Reinlichkeit.

8. Woche Das verspielte Balgen wird heftiger. Sie spielen mit Spielzeug, das sie nicht hergeben wollen. Beute, die ihnen die Mutter bringt, wird gefressen, nachdem sie geübt haben, sie zuerst herumzuwerfen, zu packen und zu beißen. Sie entwickeln großen Jagdeifer.

Notizen zur Entwicklung Ihrer eigenen Kätzchen

Entdecken und lernen

3. Monat Die Kätzchen sind entwöhnt und dürfen nun nicht mehr bei der Mutter trinken. Sie lernen gutes und vorsichtiges Benehmen gegenüber erwachsenen Katzen. Die Mutter kann scheinrollig werden und ein paar Wochen später rollig. Die Jungen dürfen hinaus. Sie sollten gegen die verbreitetsten Krankheiten geimpft werden.

4. Monat Draußen stecken die Kätzchen ihre Territorien ab. Je besser sie von den Menschen gefüttert werden, desto kleiner das Revier. Sie können schon mit schwierigen Situationen fertig werden, haben aber Angst, von hohen Mauern oder Bäumen herunterzusteigen.

5. Monat Die Katzen markieren ihr Territorium durch Düfte. Wenn die Mutter wieder trächtig ist, verlassen die Jungen sie und sorgen für sich selbst. Sie verlieren die Milchzähne.

6. Monat Auch wenn die Familie noch beieinander ist, sind die Jungen jetzt völlig selbständig. Sie sind nett zueinander, aber jedes geht seiner Wege. In diesem Alter werden sie kastriert bzw. sterilisiert.

7. Monat Die Katzen machen täglich neue Entdeckungen, denn auch in ihrer eigenen Umgebung passiert immer etwas Neues, Aufregendes, und sie müssen damit fertig werden. Sie erproben allerlei Jagdtechniken und erlegen ihnen noch fremde Beutetiere. Sie wissen, wie man das Naßwerden des Fells vermeidet, und wenn sie den ersten Schnee erleben, sind sie ziemlich konsterniert.

8. Monat Aus den Kätzchen sind jetzt Katzen geworden, aber sie sind noch nicht geschlechtsreif.

Geschlechtsreife

10. Monat Minka wird zum ersten Mal rollig. Im allgemeinen setzt die Geschlechtsreife bei Katzen zwischen dem 5. und dem 12. Lebensmonat ein. Wenn sie keinen Partner findet, ruft sie 9–10 Tage nach einem Liebhaber. Kater produzieren männliche Geschlechtshormone ab dem 4. oder 5. Monat, sind aber erst mit 12–15 Monaten deckfähig. Minka wird von Mimo gedeckt und ist trächtig.

12. Monat Minka gebärt einen Wurf von fünf Kätzchen.

Register

Kursiv gesetzte Ziffern beziehen sich auf Abbildungen

A

Abspringen 92, 94, 95, 101, 103
Adoption *25*
Aggression 22, 33, 110
Angreifen 33, *33*, 43, 44, 45, *47*
Angst 32, 33, 52, 62, 67, *111*
Anschleichen 39, 43, 45, 78, 79, *80*, 83
Appetit 10, 11, 36, 89, 119, 120
Atmen 12, 14, *15*, 120, 122
Aufzucht 19, *25*
Ausscheidungen *22*, 24, 39, 43
Augen 17, 18, *19*, 20, 26, *26*, 27, 28, *32*, 50, 54, 58, 84, *84*, 120, 122

B

Begrüßung 32, 40–41, *40, 52, 60, 68, 76*, 77, 122
Beute 36, 37, 38, 43, 45, 46, *47*, 51, 56, 60, 62, 72, 76, 78, 79, *80*, 82, 83, 122–123
Blind 26, 54, 122
Brust 67
Buckel 44, *47, 51*, 122
Bürsten 89

C

Cäsar 52, *53*, 106, *107, 109*, 110, *110, 111*
Casimir *20–21, 28, 34, 48–49, 70*

D

Deckakt 52, 106, 112, 113, *115–119*
Decken 52, 106, 107, *116–117*
Deckfähigkeit 104, 123
Deckposition 112, *115, 116–117*
Decktermin 10
Duft 40, 41, 52, *56*, 59, 74, 75, 77, *77*, 104, *104, 109*, 123
Duftdrüsen 41
Duftmarke 72, *72*, 74, *74*, 75, 77, 110
Drüsen 74

E

Eierstöcke 107
Eileiter 107
Einzelgänger 78, 79
Eisprung (Ovulation) 106, 113, *117*
Empfängnisverhütung 109
Energie 11, 13, 50, *50*, 99
Entwöhnung 36–38, 40, 52, *52*, 78, 106, 123
Erstgeburt 14

F

Fallen 62, *64*, 67, 90–91
Farbensehen 48, 84
Fauchen 18, *19*, 52
Felix *15, 21, 24, 28, 35, 36, 41, 42*, 48, *49, 50, 51*, 62, *66, 69, 71*, 86
Fell 14, *23*, 27, 77, *82*, 88, 89, *89*, 123
Fett 25, 87
Fisch 45, 83, 87
Flehmen 75, *77*
Fleischfresser 78, 86
Flöhe 89
Foetus 11, *120*
Fortpflanzung 11, 70, 104
Fovea 84
Freilebende Katzen 10, 11, 18, *22*, 36, 46, 52, 70, 72, 77, 78, 86, 87, 110, 113
Fressen 18, 25, *30*, 36, *37*, 50, 52, 86, *86*, 87, *87*, 88, 110, 119
Freundschaft 68–69
Fruchthülle 12, 13, *14*
Fruchtwasser 13
Fruchtbarkeitsperiode 106
Furcht 33, *33*

G

Galoppieren 99
Gebärmutter 12, 107
Geburt 10, *10*, 11–17, *14*, 25, 120, 122–123
Geburtsgewicht 15, 16, 28, 122
Geburtshilfe 11
Geburtskanal 12
Gehirnaktivität 51
Gehirnströme 50
Gelenkigkeit 67
Genitalbereich 10, 11, 24, 41
Geruch 10, 18, *19*, 20, 22, *22*, 26, 27, 39, 48, 58, 61, 77, *109*, 122
Geruchssinn 17, 19, 26
Geschlechtsorgane 70
Geschlechtsreif 70, 111, 123
Gesichtsfeld 27
Gewicht 8, 20, 86, 89
Ginger *14, 21, 29, 34, 36, 41*, 48, 62, *64, 71, 76*, 79, 84, *84*, 86, *86, 88–89, 95*, 104, 110, *110, 111*
Gleichgewicht 43, 44, 62, 64, 66, *66*, 67, 94

H

Haare 44, *47, 89*
Haut 15
Hecheln *61*
Homosexualität 113
Hören 17, 20, 27, 48, 54, 56, 59, 83
Hund *33, 60*
Hunger 16, 36, *36, 37*, 38, 42

I

Impfen 58, 61, 123

J

Jacobson-Organ 75
Jagdtechnik 79–83, 123
Jagen 18, 36, 38, 43, 45, 51, 52, 56, 58, 72, 78, 79, 82, 84, 86, 122
Joscha *12*, 13, 16, *19, 20, 29, 34–35, 44, 45, 46, 47, 48, 56*, 70, *71, 76, 78*, 86

K

Kälteempfindlichkeit 11, 14, 15, 16, 22, 23, 24, *82*
Kampf 32, *37*, 43, 48, 72, 111, *111*
Kastrieren 70, 111, 112, 123
Katzenfutter 86
Katzenklo 18, 39, 122
Katzenknäuel 16, 23, *23*, 24, 42, 43, 50, 122
Katzenmilch 25
Katzenminze 109
Katzenstreu 39
Kehlkopf 25
Klettern 23, 32, *33*, 43, 62–67, 91, 103
Körperbeherrschung 17, 20, 28, 39, 43, 48, 54
Körperpflege 34, 77, 83, 88, 120
Körpersprache 32
Körperwärme 15, 16, 51, *61, 82*
Kolostralmilch 11
Krallen 43, 46, *46*, 62, 64, 66, *72*, 83
Krallenwetzen 72, *72*, 74
Krallen beschneiden *72*
Krankheiten 16, 28, 123

L

Landen *91, 93, 95, 103*
Laufen 20, 43, 90, 97, *99*
Lecken 15, 16, 18, 22, 24, *41, 53, 88, 89*
Lernen 20, 36, 43, 56, *56*, 58, *58*, 61, 78, 79

M

Mahlzeit 16, 22, 25, 28, 34, 36, 50, 62, 86, *88*
Markieren 40, 123, 126
Markierungen 72, 74, *74, 75*, 77
Maus 38, *44, 45, 46*, 60, 72, 76, 79, *80*, 82, 83, 86
Mäusefangen *44, 45*, 45
Milch 25, 52, 87, 88
Milchproduktion 52
Milchtreten *18*, 24, 25, *72*, 122
Mimik *33*
Mimo 106, 112, *113, 115, 117, 118*, 119, *119*, 120, 123
Minka *11, 12*, 13, *13, 18, 20–21*, 26, *26*, 29, *32, 34–35, 42*, 45–55, *52, 60, 71, 77*, 79, *89*, 104, *104*, 106, *107*, 110, 112, *113, 114–119*, 119, 120, *120*, 123
Mißtrauen 16, 22, *46, 68*
Moritz *17, 18, 20, 24, 28, 35, 36, 48*, 58, *58, 61, 62, 68, 70, 72, 74*, 79, *80, 82*, 86, *87*, 101
Mütterliche Fürsorge 11, 15, 16, 19, 22–25, 30, 38, 52

N

Nabelschnur 12, 13, *13*, 16, 20, 122
Nachttiere 48, 84
Nahrung 11, 16, 25, 27, 36, 38, 39, 40, 46, 50, 52, 60, 78, 86, 87, 122–123
Nest 10, 11, 13, 15, 16, *17*, 18, 19, 22, *22*, 23, 24, 26, 28, 30, 36, 37, 58, 104, 120, 122
Nesthygiene 22
Netzhaut 84
Neugeborene 13, 14, 15, 122
Nickhaut 50

O

Ohren 26, *26*, 27, 28, *32*, 33, *33*, 44, *47*, 50, 54, 59, 67, 75, 110, *110*, 111, 122
Ozelot 62

P

Penis-Dornen 112, 113, *117*
»Persönliche Sphäre« 112, 113, *113, 117*
Plazenta 12, 13, *13*, 14, *15*, 16, 25
Pupillen 32, 33, *33*, 50, 84
Putzen 10, 11, 43, 52, 77, 88, *88*, 89, *89, 118*, 122

R

Rangfolge 110, 111
Rapid Eye Movement (REM) 18, 50
Ratten 82
Regenbogenhaut 84
Retina 84
Revier 52, 72, 76, 77, 79, 110, 123
Revierverhalten 72–77
Riechen 26, 56, 61, 122
Rollig 32, 52, 106, 109, 112, 113, 123

S

Säugen 18, *18*, 22, 24, 25, *25, 41*, 52, 120
Samantha *8*, 10, *10*, 11, *11, 12*, 13, *13*, 15, 16, *17*, 18, *18*, 22, *30*, 36, 38, 40, *40, 41*, 42, 43, 52, *53*, 68, *80*, 86, 106
Scheinrollig 52, 106, 123
Schlafen 18, 19, 22, 42, 50, 51, 110, 122
Schlüsselbeine 67
Schmerzen 11, 32, 36
Schnurren 15, 24, 25, 32, 40, 50, 122
Schnurrhaare *12*, 23, 26, 27

Schreien 20, 22, 32, 52, *104*, 106, 107, 110, *111*, 112, 113
Schulterblätter 67
Schwangerschaft 10, 52
Schwitzen *61*
Sehen 17, 20, 22, 27, 48, 54, 56, 79, 84
Sexualhormone 104
Skelett 67
Spielen 28, 34, 36, 39, *42*, 42–47, *44*, *45*, 45, 46, *47*, 48, 52, 56, *56*, 58, *69*, 122–123
Spielzeug *44*, *45*, 45, 46, 47–48
Spitzmäuse 82
Springen *33*, 43, 45, *46*, *58*, 64, 67, 83, 90, 92, 94, 95, 99, 101, 103, 122
Spritzen 74, 75, *75*
Sterilisieren 38, 107, 109, *109*, 123
Stubenrein 39
Sylvester *20*, *24*, *29*, *34*, *48*, *49*, *66*, *69*, *70*, *75*, *86*, *88*, 90, *92*, *93*, *94*, *96–97*, *98–99*, *100–101*, *102–103*

T

Tabby 16, *25*, 84, 120
Tagtiere 84
Tapetum lucidum 84
Tasten 26, 30, 60, 122
Tastsinn 26, 27
Taub 26, 54, 122
Testosteron 112
Tierarzt 11, 25, 28, 39, 107
Traben 97
Trächtig 10, 104, 106, 109, 113, 123
Träumen 18, 50–51, 122
Tragezeit 10, 13
Transportieren *23*, 30
Trinken *8*, 16, 17, 19, 24, 25, 40, *40*, *41*, 52, 87, 120, 122–123

U

Überfallen 43
Unterwerfungspose 43

V

Vater 42, 52, 110, 113
Verdauung 25, 86, 89
Verletzung 16, 43, 48
Vermehrung 112–119
Verständigung 32–33
Verteidigen 16, 22, *33*, 45, 72
Vitamine 87
Vögel 45, 72, 82, 83
Vulva 11

W

Wachstum 8, 22
Waffen 78, 83
Wehen 11, 14
Werbung 112–119
Wirbelsäule 67, 79, 83, 88, 99
Wolfsrachen 16
Wurf 14, *14*, 16, 19, *25*, 38, 52, 113, 122–123
Wurfplatz 10
Wut 32, 52, *111*

Z

Zähne 20, 34, 36, 43, 52, 83, 88, 122
Zitzen 11, 15, 16, 17, 18, 19, *25*, 122
Zunge 88, *89*
Zyklus 106, 107, 112